第2版

谁说菜鸟不会
数据分析 (SPSS篇)

狄松 祝迎春 张文霖 马世澎 著

电子工业出版社
Publishing House of Electronics Industry
北京·BEIJING

内 容 简 介

作为《谁说菜鸟不会数据分析》家族的新成员，本书依然通俗地讲解数据分析的实践。

本书继续采用职场三人行的方式来构建内容，细致梳理了准专业数据分析的常见问题，并且挑选出企业实践中最容易碰到的案例，以最轻松直白的方式来讲好数据分析的故事。

本书从解决工作中的实际问题出发，从统计描述、统计推断到探索性分析，总结并提炼工作中经常用到并且非常实用的通过 SPSS 进行数据处理、数据分析的实战方法与技巧。本书尽可能避免使用晦涩难懂的统计术语或模型公式，如需了解相关的统计学知识，可查阅相关的统计学书籍。

本书适合刚踏出校门、初涉职场的新人，尤其适合从事产品运营、市场营销、金融、财务、人力资源管理等工作的上班族们，本书能帮助他们提高工作效率；而从事管理、咨询、研究等工作的专业人士，也不妨阅读本书，说不定会有惊喜的发现。

未经许可，不得以任何方式复制或抄袭本书之部分或全部内容。
版权所有，侵权必究。

图书在版编目（CIP）数据

谁说菜鸟不会数据分析．SPSS 篇 / 狄松等著．—2 版．—北京：电子工业出版社，2019.6
ISBN 978-7-121-36305-4

Ⅰ．①谁… Ⅱ．①狄… Ⅲ．①表处理软件②统计分析—软件包 Ⅳ．① TP391.13 ② C819

中国版本图书馆 CIP 数据核字（2019）第 068286 号

策划编辑：张月萍
责任编辑：葛　娜
印　　刷：中国电影出版社印刷厂
装　　订：中国电影出版社印刷厂
出版发行：电子工业出版社
　　　　　北京市海淀区万寿路 173 信箱　　邮编：100036
开　　本：720×1000　1/16　　印张：14　　字数：341 千字
版　　次：2016 年 6 月第 1 版
　　　　　2019 年 6 月第 2 版
印　　次：2022 年 1 月第 4 次印刷
定　　价：69.00 元

凡所购买电子工业出版社图书有缺损问题，请向购买书店调换。若书店售缺，请与本社发行部联系，联系及邮购电话：（010）88254888，88258888。

质量投诉请发邮件至 zlts@phei.com.cn，盗版侵权举报请发邮件至 dbqq@phei.com.cn。
本书咨询联系方式：（010）51260888-819，faq@phei.com.cn。

前　言

自《谁说菜鸟不会数据分析》系列图书上市以来，已拥有数十万读者与粉丝，口口相传，成为职场人士案头必备的参考用书，遇到问题随手翻翻，总能找到一些快意的办法，打开脑洞。同时非常荣幸地获得"出版全行业优秀畅销品"称号，这离不开广大读者的厚爱与支持。

随着数据分析在日常工作和生活中的重要性日益凸显，对于一些需要不断提升的读者来说，他们已经不满足于现状，迫切需要增强在数据分析方面的专业性。而SPSS因为操作简便，无须编程，分析专业，几乎是业余进阶专业的必备工具。这也促使众多读者来信催我们早日出版《谁说菜鸟不会数据分析（SPSS篇）》。

有了上千位热心读者的不断来信咨询与支持，经过两年时间的打磨，这本书总算与读者见面了。

这本书从解决工作中的实际问题出发，总结并提炼工作中SPSS经常用到并且非常实用的数据处理、数据分析实战方法与技巧。本书力求通俗易懂地介绍数据分析方法与技巧，在不影响学习理解的前提下，尽可能避免使用晦涩难懂的统计术语或模型公式，如需了解相关的统计学知识，可查阅相关的统计学书籍。

本书第1章和第2章由张文霖完成，第3章由狄松完成，第4章和第5章由马世澎完成，第6~12章由祝迎春完成，最终由狄松统一审稿。整个写作过程是艰辛的，但是也很有成就感。我们努力讲好数据分析的故事，同时把这个故事尽量展现得美丽动人。

如果你觉得她看起来很轻松，千万别误以为她是一本小说，她其实是一本数据分析书

她抛开复杂的数学或者统计学原理，她只和你讲必知必会的要点，关注解决实际问题；

她不去探究科班的学术问题，她只和你耐心地分享职场中的实战案例；

她不板起脸和你讲大道理，她只和你娓娓道来切身的趣味故事；

她天生丽质，图表漂亮绝伦；

她多姿多彩，还有卡通漫画风；

可能你会觉得她肤浅……

但是，当你揭开她华丽的外衣时，你会惊艳；

也会被她通俗而不庸俗，美丽而又深刻的本质所吸引。

把她珍藏起来吧，因为：

谁说菜鸟不会数据分析（SPSS篇）（第 2 版）

她会循循善诱地把你领进数据分析的大门；
她会让你的简历更加具有吸引力；
她会让老板对你刮目相看；
她值得在你的书架上长期逗留，会为你的书架增添色彩。

她讲述了职场三人行的故事，她的故事还会让你偷着笑

牛董，关键词：私企董事，要求严格、为人苛刻。

小白，关键词：在职场打拼一年的伪白骨精（白领＋骨干＋精英）、数据分析师、单身女白领，爱臆想。

Mr. 林，关键词：小白现任上司，数据分析达人、成熟男士，乐于助人、做事严谨。

哪些人会对她的故事有阅读兴趣呢

★ 需要提升自身竞争力的职场新人。

★ 在市场营销、金融、财务、人力资源、产品设计等管理工作中需要进行数据分析的人士。

★ 经常阅读经营分析、市场研究报告的各级管理人员。

★ 从事咨询、研究、分析等工作的专业人士。

故事作者的致谢

感谢广大读者的支持，让作者下定决心写这本书。在此要衷心感谢成都道然科技有限责任公司的姚新军先生，感谢他的提议和在写作过程中的支持。感谢参与本书优化的朋友：王斌、李伟、张强林、万雷、李平、王晓、景小燕、余松。非常感谢本书的插画师王馨和张雅文的辛苦劳动，您们的作品也让本书增色了不少。

感谢邓凯、黄成明、石军、沈浩、郑来轶、马广斌等书评作者，感谢他们在百忙之中抽空阅读书稿，撰写书评，并提出宝贵意见。

最后，感谢四位作者的家人，感谢他们默默无闻的付出，没有他们的理解与支持，同样也没有本书。

尽管我们对书稿进行了多次修改，仍然不可避免地会有疏漏和不足之处，敬请广大读者批评指正，我们会在适当的时间进行修订，以满足更多人的需要。

本书配套案例数据下载方式：

（1）http://blog.sina.com.cn/xiaowenzi22

（2）关注微信订阅号：小蚊子数据分析，回复"1"或"SPSS篇"获取下载链接

（3）http://read.zhiliaobang.com/pages/article/43

业内人士的推荐（排名不分先后，以姓氏拼音排序）

本书将看似"浮云"的数据分析领域，蕴于商业化的场景之中，生动形象地让读者了解到"给力"的数据分析师是如何炼成的！引导非专业人士从数据的角度，认识、剖析、解决商业问题；对专业人士而言，亦能提供一次梳理和提高的学习机会。

邓凯
数据挖掘与数据分析博主，资深数据分析师

这是一本适合普通大众的"专业"数据分析书，由浅入深，富有体系。既有一口气读完的冲动，又想马上找一台电脑试一试这些"新奇"的分析方法，更想拿一些数据来分析找找其中的规律。

读完本书，你会发现数据分析的乐趣，它并不是那么枯燥的，数据背后的故事简直是太有意思了。从此你将发现：无论是新闻媒体，还是企业报表中的数字，都将不再孤独，因为它们在那里，在和你说着话！

祝愿大家早日练就一颗数据分析的"心"！

黄成明
数据化管理顾问及培训师，零售及服装企业数据化管理咨询顾问

SPSS等统计软件的应用是以统计学知识为基础的，而现实是我们的"数据分析人员"，往往不具备统计学基础知识和系统的研究训练。因此大家在应用统计软件解决问题时，哪怕是一个小问题，也会觉得无从入手，并在具体的数据处理和统计分析过程中，处处一头雾水，心里没底。

随着大数据时代的到来，我们最迫切需要的倒不是IT行业所说的"大数据"，而是在利用好现有数据的条件下，能够掌握统计分析利器进行敏捷深刻的研究思考。

我非常喜欢《谁说菜鸟不会数据分析》系列书籍，"菜鸟"系列的长篇"小说"我都是一口气读完的，享受了在阅读过程中和作者的思路同步的趣味盎然，这本书同样如此。强烈推荐这本SPSS统计分析软件的入门应用书籍，祝愿大家都和小白一起学有所成。

马广斌，博士
北京数海时代分析技术有限公司，总经理
析数软件（SPSS China）统计服务事业部，原总经理

谁说菜鸟不会数据分析（SPSS 篇）（第 2 版）

当谈到用数据解决问题时，我经常用这样的语言去诠释："如果你不能量化它，你就不能理解它，如果不理解就不能控制它，不能控制也就不能改变它"。数据无处不在，信息时代最主要的特征就是"数据处理"，数据分析正以我们从未想象过的方式影响着日常生活。

在知识经济与信息技术时代，每个人都面临着如何有效地吸收、理解和利用信息的挑战。那些能够有效利用工具从数据中提炼信息、发现知识的人，最终往往成为各行各业的强者！

这本书向我们清晰又友好地介绍了数据分析方法、技巧与工具，强烈推荐读一读这本书，或许会给你带来更大的惊喜！

沈浩
中国传媒大学电视与新闻学院，教授
调查统计研究所，副所长
数据挖掘研发中心，主任
IPSOS 公司，首席技术顾问

数据分析理论、公式和方法对部分初学者来说是枯燥、乏味的，或陷入云山雾罩中不得其道。本书最大的特点是使用幽默风趣的语言，结合工作中的典型案例加以分析、解读，是一本数据分析工作者值得一读的好书。

石军
安徽同徽信息技术有限公司，总经理

数据分析是一种能力，更是一种思想。此书结构有层次、内容全面、通俗易懂，通过 SPSS 工具一步步带你走进数据分析的世界，探索数据分析的价值，让数据分析变得既简单又有趣。

郑来轶
数据分析网创始人，某知名互联网公司数据分析专家

目　录

第1章　SPSS 概况 / 11

1.1　SPSS 简介 / 12
1.2　SPSS 特点 / 13
1.3　SPSS 安装 / 15
1.4　SPSS 窗口 / 19
1.5　本章小结 / 22

第2章　数据处理 / 23

2.1　数据变量 / 24
2.1.1　数据类型 / 24
2.1.2　变量尺度 / 25

2.2　数据导入 / 27
2.2.1　Excel 数据导入 / 27
2.2.2　文本数据导入 / 29

2.3　数据清洗 / 33

2.4　数据抽取 / 35
2.4.1　字段拆分 / 35
2.4.2　随机抽样 / 38

2.5　数据合并 / 40
2.5.1　字段合并 / 40
2.5.2　记录合并 / 41

2.6　数据分组 / 43
2.6.1　可视分箱 / 43
2.6.2　重新编码 / 46

2.7　数据标准化 / 48
2.7.1　0-1 标准化 / 48
2.7.2　Z 标准化 / 50

2.8　本章小结 / 50

第 3 章　描述性分析 / 52

3.1　频率分析 / 53
- 3.1.1　分类变量频率分析 / 53
- 3.1.2　连续变量频率分析 / 56

3.2　描述分析 / 60

3.3　交叉表分析 / 62

3.4　多选题定义 / 64

3.5　数据报表制作 / 67
- 3.5.1　报表类型简介 / 68
- 3.5.2　分类变量报表制作 / 69
- 3.5.3　连续变量报表制作 / 71
- 3.5.4　多选题报表制作 / 72
- 3.5.5　报表灵活运用 / 74

3.6　本章小结 / 79

第 4 章　相关分析 / 80

4.1　相关分析简介 / 81

4.2　相关分析实践 / 83
- 4.2.1　散点图绘制 / 84
- 4.2.2　相关分析操作 / 85

4.3　本章小结 / 86

第 5 章　回归分析 / 87

5.1　回归分析简介 / 88
- 5.1.1　什么是回归分析 / 88
- 5.1.2　线性回归分析步骤 / 89

5.2　简单线性回归分析 / 90
- 5.2.1　简单线性回归分析简介 / 90
- 5.2.2　简单线性回归分析实践 / 91

5.3　多重线性回归分析 / 97
- 5.3.1　多重线性回归分析简介 / 97
- 5.3.2　多重线性回归分析实践 / 97

5.4　本章小结 / 104

目 录

第6章 自动线性建模 / 105

6.1 自动建模 / 106

6.2 模型结果解读 / 111

6.3 模型预测 / 119

6.4 本章小结 / 120

第7章 Logistic 回归 / 121

7.1 Logistic 回归简介 / 122

7.2 Logistic 回归实践 / 125

    7.2.1 Logistic 回归操作 / 126

    7.2.2 Logistic 回归结果解读 / 127

    7.2.3 Logistic 回归预测 / 129

7.3 本章小结 / 133

第8章 时间序列分析 / 134

8.1 时间序列分析简介 / 135

8.2 季节分解法 / 136

8.3 专家建模法 / 145

    8.3.1 时间序列预测步骤 / 145

    8.3.2 时间序列分析操作 / 146

    8.3.3 时间序列分析结果解读 / 148

    8.3.4 时间序列预测应用 / 150

8.4 本章小结 / 154

第9章 RFM 分析 / 155

9.1 RFM 分析介绍 / 156

9.2 RFM 分析操作 / 158

    9.2.1 数据准备 / 158

    9.2.2 RFM 分析实践 / 159

    9.2.3 RFM 分析结果解读 / 163

9.3 RFM 分析应用 / 166

9.4 本章小结 / 171

第 10 章　聚类分析 / 172

10.1　聚类分析介绍 / 173

10.2　快速聚类分析 / 175
10.2.1　快速聚类分析操作 / 175
10.2.2　快速聚类分析结果解读 / 177

10.3　系统聚类分析 / 181
10.3.1　系统聚类分析操作 / 181
10.3.2　系统聚类分析结果解读 / 184

10.4　二阶聚类分析 / 188
10.4.1　二阶聚类分析操作 / 188
10.4.2　二阶聚类分析结果解读 / 190

10.5　聚类方法的对比 / 196

10.6　本章小结 / 197

第 11 章　因子分析 / 198

11.1　因子分析简介 / 199

11.2　因子分析实践 / 201
11.2.1　因子分析操作 / 202
11.2.2　因子分析结果解读 / 205

11.3　本章小结 / 212

第 12 章　对应分析 / 213

12.1　对应分析简介 / 214

12.2　对应分析实践 / 215
12.2.1　对应分析操作 / 215
12.2.2　对应分析结果解读 / 219

12.3　本章小结 / 222

第 1 章

SPSS 概况

Mr. 林一大早来到办公室，就对小白说： 小白，现在公司业务不断在发展扩大，需要更多的数据分析支持，牛董已经批准了我们的招聘计划，你现在拟个招聘要求，然后发给 HR 同事，让他们协助招聘 3 名数据分析师。

小白应声道： 好嘞！有什么要求？

Mr. 林想了想： 要求主要有以下几点：

（1）统计学、数学或计算机等相关专业，本科及以上学历；

（2）熟练使用 SQL、Excel、PPT 等常用工具；

（3）拥有良好的逻辑分析与独立思考能力；

（4）熟练使用 SPSS 等统计分析工具者优先。

小白问： SPSS？目前我们还没怎么用到这个工具呀！

Mr. 林笑着说： 目前我们的数据分析基础工作已经理顺，Excel 能满足我们的大部分分析工作。随着公司业务不断发展扩大，牛董也对我们的分析工作提出了更高的要求，有的问题需要用 SPSS 等更为专业的统计软件才能解决，所以我们要不断提升专业能力，以满足业务分析的需求。

小白： 那我现在是不是也要开始学习 SPSS 了？如何学呢？

Mr. 林： 这样吧，每天下班后，抽些时间向你介绍一些 SPSS 相关知识与使用。

小白兴奋地叫道： 太好了！Mr. 林你好帅啊！

Mr. 林笑道： 哈哈！赶紧去处理招聘数据分析师的工作吧。另外，今晚就开始学习 SPSS。

小白： Yes Sir！

1.1　SPSS 简介

下班后，小白如约来到 Mr. 林办公桌前，迫不及待地说： Mr. 林，可以开始了吗？

Mr. 林： 小白真准时，现在我们就先来了解一下什么是 SPSS。

SPSS 是广大统计爱好者和数据分析师最熟悉的名字，它是一款在市场研究、医学统计、政府和企业的数据分析应用中久享盛名的统计分析工具。

小白，知道为什么叫 SPSS 吗？

小白摇了摇头： 不知道，为什么呢？

Mr. 林： SPSS 是由美国斯坦福大学三位研究生于 1968 年一起开发的一个统计软件包，SPSS 是该软件英文名称的首字母缩写，原意为"Statistical Package for the Social Sciences"，即"社会科学统计软件包"。

2000 年，随着 SPSS 公司产品服务领域的扩大和服务深度的增加，SPSS 公司整个产品线的名称都进行了调整，现在 SPSS 软件的名称全称为"Statistical Product and

Service Solutions",意为"统计产品与服务解决方案",而英文缩写SPSS没有改变。

2009年,SPSS公司宣布重新包装旗下的SPSS产品线,定位为预测统计分析软件PASW(Predictive Analytics Software),用户对这个名称难以接受。

2010年,随着SPSS公司被IBM公司并购,软件也相应地更名为IBM SPSS Statistics。

现在,SPSS旗下主要有4个产品。

- ★ IBM SPSS Statistics(原SPSS):统计分析产品;
- ★ IBM SPSS Modeler(原Clementine):数据挖掘产品;
- ★ IBM SPSS Data Collection(原Dimensions):数据采集产品;
- ★ IBM SPSS Decision Management(原Predictive Enterprise Services):企业应用服务。

我们常说的SPSS,指的是IBM SPSS Statistics,后续的介绍同样采用简称SPSS。

小白:好的,原来SPSS还有如此曲折的故事呀。

1.2 SPSS特点

小白继续问道: 那SPSS有何过人之处让它拥有这么多粉丝?

Mr. 林: 问得好,我们一起来看一下SPSS的五大特点,如图1-1所示。

图1-1 SPSS五大特点

1. 操作简便

SPSS的操作界面友好、简便,类似于熟悉的Windows风格界面,数据视图也类似于Excel布局。对于各种统计方法的使用,只要了解统计分析的基本原理,无须通晓统计方法的各种算法,无须编程,大多数分析可通过"菜单""对话框"操作来完成,即可得到所需要的统计分析结果,非统计专业人士也能快速上手。

2. 功能强大

SPSS非常全面地涵盖了数据分析主要操作流程,提供了数据获取、数据处理、数据分析、数据展现等数据分析操作。其中 SPSS 涵盖了各种统计方法与模型，从简单的描述统计分析方法到复杂的多因素统计分析方法，例如数据的描述性分析、相关分析、方差分析、回归分析、Logistic 回归、聚类分析、判别分析、因子分析、对应分析等，应有尽有。

3. 数据兼容

SPSS 能够导入及导出多种格式的数据文件或结果。例如，SPSS 可导入文本、Excel、Access、SAS、Stata 等数据文件，SPSS 还能够把其表格、图形结果直接导出为 Word、Excel、PowerPoint、txt 文本、pdf、html 等格式文件。

4. 扩展便利

SPSS 可以调用 R 语言的各种统计包或 Python 的功能模块，实现最新统计方法的调用，增强 SPSS 的扩展性。

5. 模块组合

SPSS 是一个综合性的产品家族，它为各分析阶段提供了丰富的模块功能。SPSS Statistics Base 是基础的软件平台，具备强大的数据管理能力、输入输出界面管理能力，以及完备的常见统计分析功能。其他每个独立扩充功能模块均在 SPSS Statistics Base 的基础上，为其增加某方面的分析功能。用户可以根据自己的分析需要及计算机配置灵活选择组合使用。

根据 SPSS 模块功能的不同，可以将 SPSS 常用模块大致划分为四个分析阶段：数据处理、描述性分析、推断性分析和探索性分析，各分析阶段对应的具体模块如图 1-2 所示。

分析阶段	模块	功能
数据处理	Data Preparation	提供数据校验、清理等数据处理工具
	Missing Values	提供缺失数据的处理与分析
	Complex Samples	提供多阶段复杂抽样技术
描述性分析	Statistics Base	提供最常用的数据处理、统计分析
	Custom Tables	提供创建交互式分析报表功能
推断性分析	Advanced Statistics	提供强大且复杂的单变量和多变量分析技术
	Regression	提供线性、非线性回归分析技术
	Forecasting	提供 ARIMA、指数平滑等时间序列模型
探索性分析	Categories	提供针对分类数据的分析工具
	Conjoint	提供联合分析市场研究工具
	Direct Marketing	提供直销活动效果分析工具
	Decision Trees	提供分类决策树模型分析方法
	Neural Networks	提供神经网络模型分析方法

图 1-2 SPSS 常用模块及功能说明

第 1 章　SPSS 概况

小白好奇地说：那 SPSS 就没有一些不足之处吗？

Mr. 林：当然有，每个工具都有自己的优势与不足，SPSS 也不例外，它最主要的不足之处是其输出结果不方便直接用于我们的数据分析报告中。虽然 SPSS 可以直接导出为 txt、doc、ppt、xls 等文档格式，但通常与我们的数据分析报告风格、要求不符，需要我们再次进行加工整理。

小白追问道：这是为何呢？

Mr. 林：因为我们写的报告需要风格统一，包括字体、颜色等。虽然现在 SPSS 的输出结果相对美观，但是与我们的报告风格不统一，把它们放在一起，会给人东拼西凑的感觉。

小白附和着说道：用现在流行的话说，就是一点也不高端、大气、上档次。

Mr. 林：没错，我们可以将 SPSS 分析结果复制、粘贴至 Excel 中，重新绘制与分析报告风格统一的图表，再用于分析报告中，所以后面也不再单独介绍 SPSS 图表功能的使用了。

小白：好的，Excel 绘制图表就比较灵活、方便。

Mr. 林：所以我们应该根据分析需求及各种分析工具的特点选择合适的分析工具，只要能高效解决问题就是好工具，不用刻意追求使用 SPSS、SAS 等高级分析工具，只在需要的时候使用，避免出现杀鸡用牛刀的情况。

小白点了点头：明白。

1.3　SPSS 安装

Mr. 林：SPSS 支持 Windows、Linux 和 Mac OS 操作系统，后续我们将以 Windows 7+ IBM SPSS Statistics 23 组合进行 SPSS 安装及使用的介绍。

小白：那对计算机的配置有要求吗？

Mr. 林：随着 Windows 版本的不断升级，操作系统运行所需要的内存容量不断增加。在 SPSS 运行的同时，计算机也在运行一些其他应用软件，为保证计算机的运行速度和各应用软件的功能正常实现，建议计算机 CPU 处理频率大于或等于 1GHz，内存大于或等于 1GB。

现在我们就一起来安装 SPSS。

STEP 01　打开 SPSS 安装程序所在文件夹，用鼠标双击 SPSS 安装程序，打开"安装向导"界面，系统自动进行 SPSS 安装文件的解压缩，解压缩完成后进入 SPSS 安装向导授权说明界面，单击【下一步】按钮，如图 1-3 所示。

STEP 02　根据自身情况选择许可证类型，此处默认选择【单个用户许可证】，单击【下一步】按钮，如图 1-4 所示。

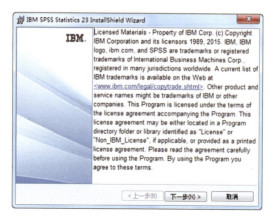

图 1-3　SPSS 安装向导 1

图 1-4　SPSS 安装向导 2

STEP 03　在软件许可协议对话框中，选择【我接受许可协议中的全部条款】，单击【下一步】按钮，如图 1-5 所示。

图 1-5　SPSS 安装向导 3

第 1 章　SPSS 概况

STEP 04　根据自身情况填写用户姓名、单位信息，单击【下一步】按钮，如图1-6所示。

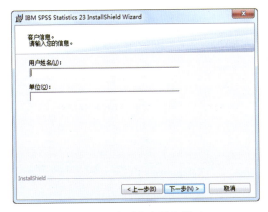

图 1-6　SPSS 安装向导 4

STEP 05　系统会自动安装英语帮助，也可以选择其他帮助语言，此处我们选择【简体中文】，单击【下一步】按钮，如图1-7所示。

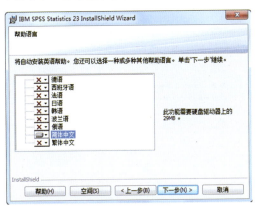

图 1-7　SPSS 安装向导 5

STEP 06　在辅助技术对话框中，可根据自己的需要选择是否启用 JAWS for Windows 屏幕阅读软件，此处我们选择【否】，单击【下一步】按钮，如图1-8所示。

STEP 07　在 IBM SPSS Statistics - Essentials for Python 对话框中，可根据自己的需要选择是否安装 IBM SPSS Statistics - Essentials for Python，此处我们选择【否】，单击【下一步】按钮，如图1-9所示。

STEP 08　根据自己的计算机情况或需求，选择 SPSS 安装路径，如果 C 盘空间有限，可更改安装到其他空间相对充足的硬盘上，此处默认采用 C 盘安装路径，单击【下一步】按钮，如图1-10所示。

17

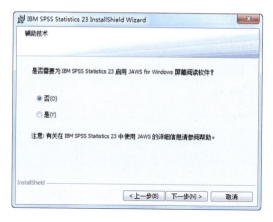

图 1-8　SPSS 安装向导 6

图 1-9　SPSS 安装向导 7

图 1-10　SPSS 安装向导 8

第 1 章　SPSS 概况

STEP 09　在安装准备完成提示框中，单击【安装】按钮即可进行SPSS的安装，如图1-11所示。SPSS 安装完毕后，如未进行软件授权确认，仅能获得 14 天的试用期，过期后软件将会被自动锁闭。

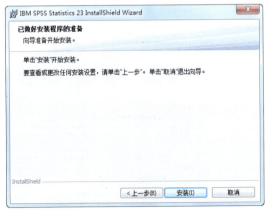

图 1-11　SPSS 安装向导 9

1.4　SPSS 窗口

小白迫不及待地说：SPSS 安装完毕了，接下来该打开看看了吧！

Mr. 林：没错，接下来我们就可以打开 SPSS 了，它跟其他软件打开方式一样，可以通过【开始】→【所有程序】菜单找到 IBM SPSS Statistics 23 打开，也可以通过桌面快捷方式打开。

对于第一次使用 SPSS 的用户，系统会弹出 SPSS 使用向导，如图 1-12 所示。通过使用向导可以快速新建数据集、打开最近使用的数据文件等，用户可根据需要进行选择操作。如果不希望该向导再次出现，则可勾选左下角的【以后不再显示此对话框】复选框，单击【确定】按钮即可。

SPSS 以窗口的形式供用户进行操作及查看，其常用的窗口有两个，分别为数据窗口和输出窗口，如图 1-13 和图 1-15 所示。

1. 数据窗口

小白看到打开的 SPSS 界面，好像发现了什么：SPSS 窗口跟 Excel 窗口很像啊。

Mr. 林：是的，它与 Excel 窗口类似，数据窗口也叫数据编辑器，主要用于数据处理、数据分析、图表绘制等操作，它由菜单栏与数据视图、变量视图两个视图窗口组成。

（1）菜单栏：主要包括"文件""编辑""查看""数据""转换""分析""直销""图形""实用程序""窗口""帮助"11 个菜单，如图 1-13 所示。其中"数据""转换""分析"三个菜单最常用，"数据""转换"主要用于数据处理相关操作，"分析"

19

主要用于数据分析相关操作。

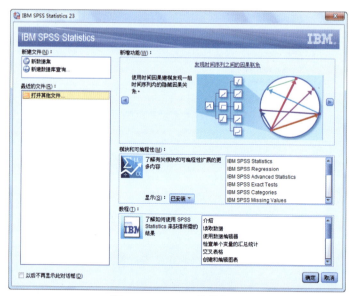

图 1-12　SPSS 使用向导

菜单栏下方还有常用的工具按钮，就跟 Excel 一样，可以将常用的命令设置到常用工具栏中，以便快速调用相关功能。

图 1-13　SPSS 数据窗口——数据视图

第1章 SPSS 概况

（2）数据视图：用于输入、编辑、显示数据的窗口，如图 1-13 所示。与 Excel 一样，每一行代表一条记录，在 SPSS 中称为个案（Case）；每一列代表一个字段，在 SPSS 中称为变量（Variable）。我们可以进行添加个案、删除个案、添加变量、删除变量等操作，这与在 Excel 中的操作类似。但也有不同之处，例如，不能在数据单元格中进行公式输入、拖动填充的操作，没有 Excel 那么灵活、方便。

（3）变量视图：用于设置、定义变量属性的窗口，如图 1-14 所示。通过它可以查看变量相关的信息，例如变量名称、变量类型、格式等信息，并且可以进行相应的设置操作，它与 Excel 中的设置单元格格式功能类似。

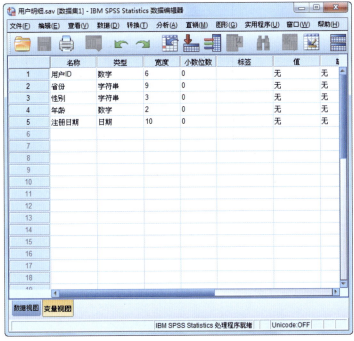

图 1-14 SPSS 数据窗口——变量视图

小白，在对每个数据进行处理与分析前，都要确认检查每个变量属性是否设置正确，特别是变量的数据类型、度量标准、角色三个信息，否则有可能出现无法进行数据处理、数据分析，或者得出错误的结果等情况。

小白点了点头：嗯！我已经记下了。

2. 输出窗口

Mr. 林：现在我们来看另外一个常用窗口——输出窗口，如图 1-15 所示。它也叫结果查看器，主要用于输出数据分析结果或绘制的相关图表。输出窗口的操作使用与资源管理器的操作使用类似，左边为导航窗口，显示输出结果的目录，单击目录前面的加、减号可显示或隐藏相关内容；右边为内容区，显示与目录一一对应的内容，我们可以对输出的结果进行复制、编辑等操作。

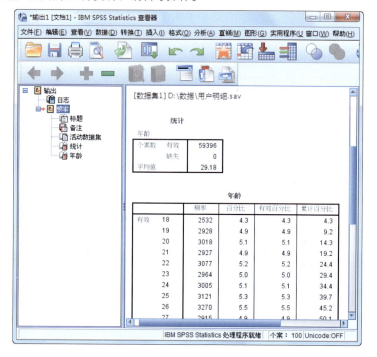

图 1-15　SPSS 输出窗口

输出窗口也有保存功能，可以保存我们需要的数据分析结果或图表，SPSS 数据结果文件默认保存文件格式为 spv，而 SPSS 数据文件默认保存文件格式为 sav，在安装 SPSS 软件的前提下，均可通过鼠标双击打开相应的数据文件或数据结果文件。

1.5　本章小结

Mr. 林：小白，今天就先学习到这里，我们一起来回顾一下今天学习的内容：

★　了解 SPSS 是什么，并了解了其特点、功能模块组成，以及优势与不足；

★　了解如何安装 SPSS，以及数据窗口、输出窗口这两个 SPSS 常用窗口界面。

小白：Mr. 林，辛苦了！今天已经对 SPSS 有个大致了解，晚上我回去也安装 SPSS 熟悉一下。

第 2 章

数据处理

第二天小白下班后，朝 Mr. 林办公桌走来：Mr. 林，我来了，今天我们要学什么？

Mr. 林笑道：今天我们要学习如何在 SPSS 中进行数据处理操作。

数据处理是根据数据分析目的，将收集到的数据，用适当的处理方法进行加工、整理，形成适合数据分析的要求样式，它是数据分析前必不可少的工作，并且在整个数据分析工作量中占据了大部分比例。

小白：是这样的，数据分析的大部分工作都在做数据处理，如果遇到数据量大的时候，数据处理需要的时间会更多。

Mr. 林：看来你是深有体会呀！小白，考考你，数据处理主要有哪几大操作？

小白：这难不倒我，数据处理主要包括：数据清洗、数据抽取、数据合并、数据计算、数据分组等操作。

Mr. 林：没错，在学习如何用 SPSS 进行这些数据处理操作之前，我们还要先了解数据变量的相关基础知识。

小白：好的。

2.1 数据变量

Mr. 林：首先我们要明确一点，变量也就是我们常说的字段，在数据库中，我们称之为字段；而在统计学中，我们称之为变量。

小白：对，是这么回事。

Mr. 林：小白，再考考你，常用的数据类型有哪几种？

小白：常用的数据类型主要有三种，分别是字符型数据、数值型数据、日期型数据。

2.1.1 数据类型

Mr. 林：是的，数据类型主要是这三种。

1. 字符型数据

字符型数据，也称为文本数据，由字符串组成，它是不能进行算术运算的文字数据类型，它包括中文字符、英文字符、数字字符（非数值型）等字符。例如，姓名、性别、省份这几个变量均为字符型数据。

字符型数据是一种分类数据，例如，性别可以分为男、女两类，省份可以按各省份进行分类，我们就可以通过这些分类数据对研究对象进行分类研究，从而更全面地掌握事物的特征。

2. 数值型数据

数值型数据是直接使用自然数或度量单位进行计量的数值数据。例如，收入、年龄、体重、身高这几个变量均为数值型数据。对于数值型数据，我们可以直接用算术运算方法进行汇总和分析，这点是区分数据是否属于数值型数据的重要特征。

数值型数据是一种特殊的分类数据，例如，年龄可以按每一个年龄来分类，分为1岁、2岁、3岁、4岁等类别。对数值型数据需要根据实际应用意义进行分类，有意义才分类，无意义就不分类，因为分类越细，规律就越不明显。

3. 日期型数据

日期型数据用于表示日期或时间数据，它可以进行算术运算，所以它是一种特殊的数值型数据。日期型数据主要应用在时间序列分析中。

2.1.2 变量尺度

Mr. 林：接下来介绍变量尺度。

小白：咦？什么是变量尺度呀？

Mr. 林：刚才介绍的"数据类型"概念，主要是数据库中的用语，有时候仅用数据类型不能准确地说明变量的含义和属性。为了更好地说明变量的含义和属性，在统计学中就采用了"变量尺度"这个概念。让我们通过一个例子来了解这两个概念的联系与区别，例如：

职业变量，1代表白领，2代表蓝领，3代表金领，这时，1、2、3只是个标记，属于并列关系，没有次序关系；

职级变量，1代表初级，2代表中级，3代表高级，这时，1、2、3不仅是个标记，还有次序关系；

年龄变量，1代表1岁，2代表2岁，3代表3岁，这时，1、2、3不仅是个标记，还有次序、大小关系，可以做算术运算。

职业、职级、年龄三个变量的数据类型都可以是数值型，但数值的具体含义不同，适用的统计方法也就不同，这时就有必要给数据变量增加一个测量尺度属性。

在统计学中，按照对事物描述的精确程度，将采用的测量尺度从低到高分为四个层次：定类尺度、定序尺度、定距尺度和定比尺度。

1. 定类尺度

定类尺度是对事物类别或属性的一种测度。定类变量的特点是其值只能代表事物的类别和属性，不能比较各类别之间的大小，例如性别、职业两个变量。在SPSS中使用"名义(N)"来表示定类尺度。

使用定类变量对事物进行分类，必须符合相互独立、完全穷尽原则，也就是麦肯锡的经典原则——MECE（Mutually Exclusive Collectively Exhaustive）原则。相互独立意味着对事物的分类是在同一维度上并有明确区分、不可重叠；完全穷尽则意味着全面、周密，对事物的分类没有遗漏。

2. 定序尺度

定序尺度是对事物之间等级或者顺序的一种测度。其计算结果只能排序，不能进行算术运算，例如学历、职级两个变量。在 SPSS 中使用"序号(O)"来表示定序尺度。

3. 定距尺度

定距尺度是对事物次序之间间距的一种测度，只可进行加减运算，不可进行乘除运算。它不仅能够对事物进行排序，还能准确计算次序之间的差距是多少，例如温度、时间两个变量。

4. 定比尺度

定比尺度是测算两个测量值之间比值的一种测度。它能够进行加减乘除运算，例如收入、用户数两个变量。定比尺度与定距尺度最大的区别是它有一固定的绝对"0"值，而定距尺度没有。在定距变量中"0"不表示没有，只是一个测量值；而在定比变量中"0"就是表示没有。

定距尺度与定比尺度在绝大多数统计分析中没有本质上的区别，SPSS 就将它们合并成一类，统称为"度量(S)"。

小白： 变量尺度跟数据类型之间是什么关系呢？

Mr. 林： 问得好，我梳理出变量尺度跟数据类型对应表，如图 2-1 所示。通过这张表，我们就可以很直观地看出变量尺度跟数据类型，以及与其他常见术语之间的关系。

变量尺度	定类数据	定序数据	定距数据	定比数据
定义	它的取值只代表观测对象的不同类别	取值大小表示观测对象某种顺序关系（等级、大小等）	取值之间可比较大小，可以用加减法计算出差异的大小	可做加减乘除运算，它与定距变量的差别在于有绝对"0"值
举例	性别、职业	学历、职级	温度、时间、纬度	收入、用户数
类型	数值型、字符型	数值型、字符型	数值型	数值型
别名	无序分类变量	有序分类变量	连续性变量	
SPSS名称	名义(N)	序号(O)	度量(S)	
分类	√	√	√	√
排序		√	√	√
间距			√	√
比值				√

图 2-1 变量尺度跟数据类型对应表

第 2 章　数据处理

小白：Mr. 林，你总结归纳的这张变量尺度跟数据类型对应表果然清晰直观，我先收藏，后续再慢慢研究。

2.2　数据导入

Mr. 林：小白，接下来我们就来看如何将数据导入 SPSS 中。常用的数据文件有两种，分别是 Excel 数据文件和 txt 文本数据文件。

2.2.1　Excel 数据导入

Mr. 林：首先是 Excel 数据导入，我们以导入"用户明细 .xlsx"为例进行介绍。

STEP 01　打开 SPSS 软件，单击【文件】菜单，在【打开】中选择【数据】，弹出【打开数据】对话框，如图 2-2 所示。

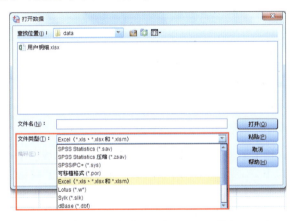

图 2-2　【打开数据】对话框（Excel 数据导入）

STEP 02　在【打开数据】对话框中，浏览到需要导入的数据所在的文件夹下，在【文件类型】下拉框中选择【Excel(*.xls、*.xlsx 和 *.xlsm)】项，这时在该文件夹下就显示出存放的 Excel 文件，如图 2-2 所示。选择要打开的 Excel 文件，单击【打开】按钮，弹出【打开 Excel 数据源】对话框，如图 2-3 所示。

图 2-3　【打开 Excel 数据源】对话框

STEP 03 在【打开 Excel 数据源】对话框中，SPSS 会根据数据实际情况设置好相关参数，我们只要确认各参数设置是否正确即可，如果不正确，需要修改相应的参数设置，确认无误后，单击【确定】按钮，Excel 数据就会被导入 SPSS 中，如图 2-4 所示。

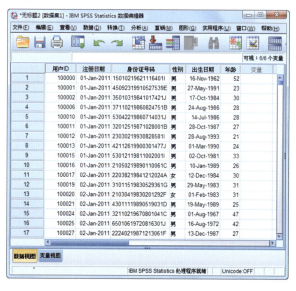

图 2-4 Excel 数据导入示例

STEP 04 单击【文件】菜单，选择【保存】或【另存为】，弹出【将数据另存为】对话框，如图 2-5 所示。SPSS 会默认选择打开导入的数据所在的文件夹，并且【保存类型】默认为【SPSS Statistics(*.sav)】，这是 SPSS 数据文件格式，我们只要输入数据文件名"用户明细"即可，单击【确定】按钮，就保存为 sav 格式的数据了。

图 2-5 SPSS 数据保存对话框

第 2 章 数据处理

2.2.2 文本数据导入

Mr. 林： 接下来是文本数据导入，其导入步骤和方式与在 Excel 中导入文本数据类似，我们以导入"用户明细 .txt"为例进行介绍。

STEP 01 打开 SPSS 软件，单击【文件】菜单，在【打开】中选择【数据】，弹出【打开数据】对话框，如图 2-2 所示。

STEP 02 在【打开数据】对话框中，浏览到需要导入的数据所在的文件夹下，在【文件类型】下拉框中选择【文本 (*.txt、*.dat、*.csv 和 *.tab)】项，这时在该文件夹下就显示出存放的文本文件，如图 2-6 所示。选择要打开的文本文件，单击【打开】按钮。

图 2-6 【打开数据】对话框（文本数据导入）

STEP 03 在弹出的【文本导入向导 - 第 1/6 步】对话框中，我们可以看到各变量之间用逗号分隔，如图 2-7 所示，单击【下一步】按钮。

STEP 04 在弹出的【文本导入向导 - 第 2/6 步】对话框中，我们可以设置变量的安排方式和变量名称，变量的安排方式就是各变量之间是如何分隔的，是以逗号、制表符等分隔符号分隔的，还是每个变量宽度固定？在本例中，变量的安排方式选择【定界】，文件开头是否包括变量名选择【是】，如图 2-8 所示，单击【下一步】按钮。

STEP 05 在弹出的【文本导入向导 - 定界，第 3/6 步】对话框中，进行个案设置，个案就是数据记录，我们均保持默认设置即可，如图 2-9 所示，单击【下一步】按钮。

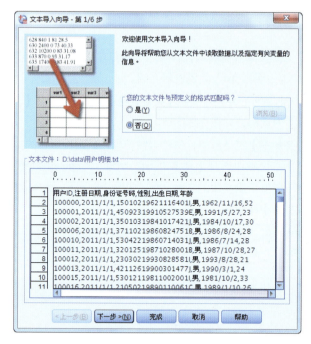

图 2-7 文本导入向导 1

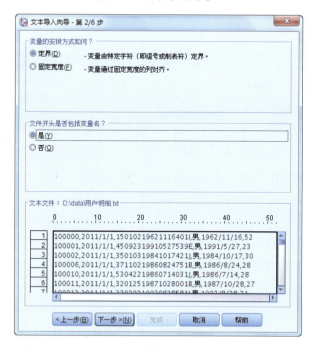

图 2-8 文本导入向导 2

第 2 章　数据处理

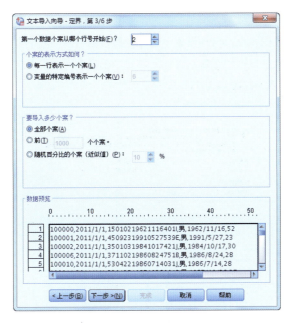

图 2-9　文本导入向导 3

STEP 06　在弹出的【文本导入向导 - 定界，第 4/6 步】对话框中，SPSS 根据导入数据特点，自动勾选【逗号】分隔符，如图 2-10 所示，单击【下一步】按钮。

图 2-10　文本导入向导 4

STEP 07 在弹出的【文本导入向导 - 第 5/6 步】对话框中，如图 2-11 所示，SPSS 根据导入数据特点，自动设置了每个变量数据格式，我们需要确认是否设置正确，特别是日期型变量，确认无误后，单击【下一步】按钮。

图 2-11　文本导入向导 5

STEP 08 在弹出的【文本导入向导 - 第 6/6 步】对话框中，如图 2-12 所示，如果不需要保存刚才设置过的格式，或者获得导入过程的语法，可以直接单击【完成】按钮，就成功将文本数据文件导入 SPSS 中了。

图 2-12　文本导入向导 6

小白：文本数据导入方式和步骤果然与在 Excel 中导入文本数据类似。

2.3　数据清洗

Mr. 林：数据导入好后，就可以进入数据处理阶段了。首先是数据清洗，就是将多余重复的数据筛选清除，将缺失的数据补充完整，将错误的数据纠正或删除。我们就来学习最常用的重复数据处理操作。

这里有一个“用户明细 - 重复 .sav”数据文件，如图 2-13 所示，里面的数据记录存在重复，需要将重复多余的记录删除。

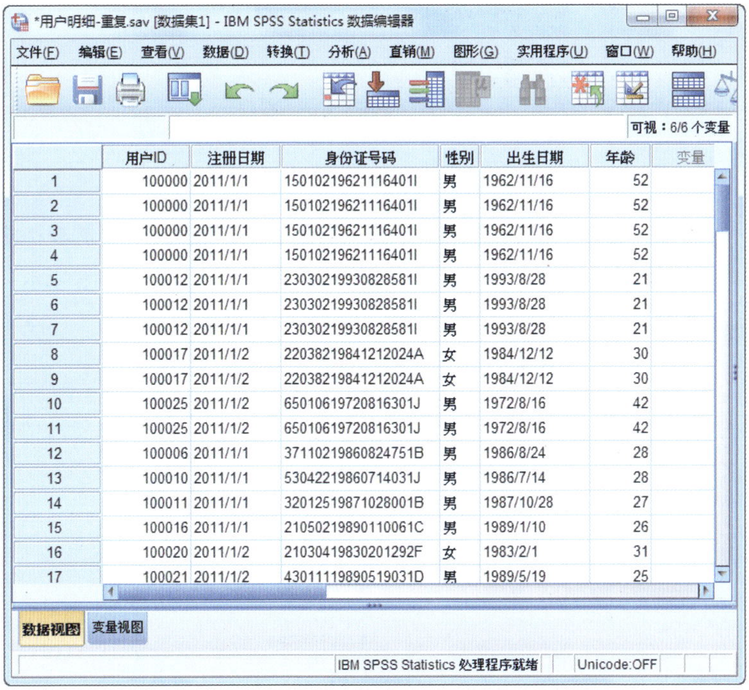

	用户ID	注册日期	身份证号码	性别	出生日期	年龄	变量
1	100000	2011/1/1	15010219621116401I	男	1962/11/16	52	
2	100000	2011/1/1	15010219621116401I	男	1962/11/16	52	
3	100000	2011/1/1	15010219621116401I	男	1962/11/16	52	
4	100000	2011/1/1	15010219621116401I	男	1962/11/16	52	
5	100012	2011/1/1	23030219930828581I	男	1993/8/28	21	
6	100012	2011/1/1	23030219930828581I	男	1993/8/28	21	
7	100012	2011/1/1	23030219930828581I	男	1993/8/28	21	
8	100017	2011/1/2	22038219841212024A	女	1984/12/12	30	
9	100017	2011/1/2	22038219841212024A	女	1984/12/12	30	
10	100025	2011/1/2	65010619720816301J	男	1972/8/16	42	
11	100025	2011/1/2	65010619720816301J	男	1972/8/16	42	
12	100006	2011/1/1	37110219860824751B	男	1986/8/24	28	
13	100010	2011/1/1	53042219860714031J	男	1986/7/14	28	
14	100011	2011/1/1	32012519871028001B	男	1987/10/28	27	
15	100016	2011/1/1	21050219890110061C	男	1989/1/10	26	
16	100020	2011/1/2	21030419830201292F	女	1983/2/1	31	
17	100021	2011/1/2	43011119890519031D	男	1989/5/19	25	

图 2-13　用户明细 – 重复数据示例

小白：我记得 Excel 中有一个删除重复项的功能，可以直接删除重复的数据记录。

Mr. 林：SPSS 没有提供类似于 Excel 删除重复项的功能，但我们可以分步操作，先将重复记录找出并标记，然后根据是否重复标记排序，将重复记录排在一起，再将其删除。

STEP 01　打开“用户明细 - 重复 .sav”数据文件，单击【数据】菜单，选择【标识重复个案】，弹出【标识重复个案】对话框，如图 2-14 所示。

图 2-14　【标识重复个案】对话框 1

STEP 02 在【标识重复个案】对话框中，将所有的变量都放入【定义匹配个案的依据】框中，其他选项如无特殊要求，保持默认设置即可，如图 2-15 所示，单击【确定】按钮。

图 2-15　【标识重复个案】对话框 2

这时就生成一个重复数据记录标识变量"最后一个基本个案"，如图 2-16 所示，0 代表重复个案，1 代表唯一或基本主个案。

第 2 章 数据处理

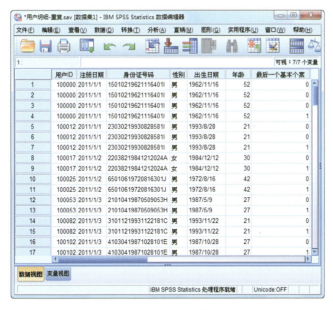

图 2-16 标识重复个案数据结果示例

STEP 03 选中"最后一个基本个案"变量，单击鼠标右键，选择【升序排列】项，这时就将"最后一个基本个案"变量值为 0（重复）的个案都排在前面了。

STEP 04 选中"最后一个基本个案"变量值为 0（重复）的个案，单击鼠标右键，选择【清除】项，这时就将重复的个案删除了。

小白：好的，操作步骤都记下了。

2.4 数据抽取

Mr. 林：数据抽取，也称为数据拆分，是指保留、抽取原数据表中某些字段、记录的部分信息，形成一个新字段、新记录。我们主要学习字段拆分和随机抽样两种方法。

2.4.1 字段拆分

Mr. 林：前面我们导入了"用户明细.xlsx"数据文件，里面有一个"身份证号码"字段，它包含了很多信息，例如省份、城市、出生日期、性别等信息，我们将它们抽取出来，就可以得到相应的字段，也就可以做相应的分析了，如用户省份分布、用户出生日期分布、用户性别构成等，甚至还可以继续根据出生日期做进一步的处理，得到年龄、星座、生肖等字段。

小白：是的，我在 Excel 中就是使用 Right、Left、Mid 函数进行相关字段的抽取、拆分的，那在 SPSS 中也是类似的操作吗？

Mr. 林：没错，SPSS 中的字段拆分操作与 Excel 中的字段拆分操作类似，主要使用 Substr 函数进行字段拆分操作，它跟 Excel 的 Mid 函数用法是一致的。函数如下：

Substr(字符串 , 提取的起始位置 , 提取的字符个数)

Mr. 林：现在我们就使用 Substr 函数对"身份证号码"变量进行出生年份、月份、日的抽取。

STEP 01 打开"用户明细 .sav"数据文件，单击【转换】菜单，选择【计算变量】，弹出【计算变量】对话框，如图 2-17 所示。

图 2-17 【计算变量】对话框 1

STEP 02 在【计算变量】对话框中，在【函数组】框中选择"字符串"类，在【函数和特殊变量】框中双击"Char.Substr(3)"函数，这时"Char.Substr(3)"函数就被移入【数字表达式】框中，然后将表达式修改为"CHAR.SUBSTR(身份证号码 ,7,4)"，这样就完成了公式的编写，如图 2-18 所示。

STEP 03 在【目标变量】框中，输入变量名称"年份"，并在【类型与标签】功能中设置类型为"字符串"，如图 2-18 所示，单击【确定】按钮，就新增了一个"年份"变量。

重复上述第 2 步和第 3 步，将表达式分别修改为"CHAR.SUBSTR(身份证号码 ,11,2)""CHAR.SUBSTR(身份证号码 ,13,2)"，就可以得到"月份""日"两个变量，如图 2-19 所示。

第 2 章　数据处理

图 2-18　【计算变量】对话框 2

图 2-19　数据抽取结果示例

Mr. 林：小白，计算变量这个功能在 SPSS 中非常常用，类似于 Excel 的编辑栏功能，通过输入函数或计算公式来新增变量，后续我们还会继续使用它进行相关的数据处理操作。

小白：好的。

2.4.2 随机抽样

Mr. 林：随机抽样，是按照随机的原则，也就是保证总体中每个单位都有同等机会被抽中的原则，进行样本抽取的一种方法。随机抽样在各行各业中都有较为广泛的应用，例如在数据挖掘建模过程中，数据往往是几十万甚至百万级的记录，如果要对所有数据进行运算，在时间、计算资源等方面都很难满足要求，因此对数据进行抽样就很有必要了。

随机抽样方法主要有简单随机抽样、分层抽样、系统抽样等。我们主要学习最常用的简单随机抽样方法。

小白：例如，对于刚才我们使用的"用户明细"数据案例，如果要随机抽取 20% 的用户出来，在 SPSS 中如何操作呢？

Mr. 林：在 SPSS 中操作比较简单，主要使用"选择个案"中的随机抽样功能来实现。

STEP 01　打开"用户明细.sav"数据文件，单击【数据】菜单，选择【选择个案】，弹出【选择个案】对话框，如图 2-20 所示。

图 2-20　【选择个案】对话框

STEP 02　在【选择个案】对话框的【选择】框中选择【随机个案样本】项，单击【样本】按钮，弹出【选择个案：随机样本】对话框，如图 2-21 所示。

图 2-21　【选择个案：随机样本】对话框

STEP 03　在【选择个案：随机样本】对话框中，可以基于近似的百分比或精确的个案数来随机抽取样本，本例采用近似百分比的方式抽取，在【大约】后面的方框中输入"20"，表示定义随机抽取大约 20% 的样本量，单击【继续】按钮，返回【选择个案】对话框，单击【确定】按钮。

这时 SPSS 就完成了随机抽取大约 20% 的样本量，如图 2-22 所示，SPSS 在数据表最后一列新增一个 "filter_$" 变量，0 表示记录未被选中抽取，1 表示记录被选中抽取，同时对没有选中抽取的记录的行号使用斜线 "/" 进行标记，在不关闭 SPSS 的情况下，后续的其他数据操作都仅对选中抽取的记录进行分析。

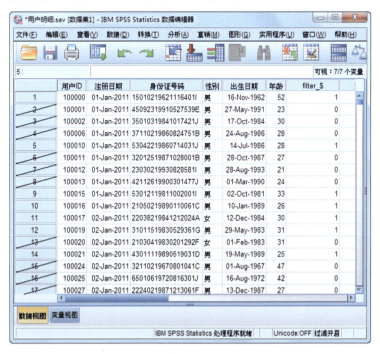

图 2-22　随机抽样结果示例

如果希望将抽样得到的数据单独存为一份新的数据文件，用于其他数据分析，则可以在第 3 步返回的【选择个案】对话框的【输出】框中，选择【将选定个案复制到新数据集】项，并定义输入一个数据集名称，单击【确定】按钮后，抽样得到的数据将以一个新的 SPSS 数据窗口存放，最后将数据保存即可得到一份新的数据文件。

2.5 数据合并

Mr. 林：数据合并，是指综合数据表中某几个字段的信息或不同的记录数据，组合成一个新字段、新记录数据，主要有两种操作：字段合并、记录合并。

2.5.1 字段合并

Mr. 林：字段合并，是将某几个字段合并为一个新字段。例如，前面介绍的从身份证号码字段抽取出来的出生年份、月份、日，这三个字段还是单独的字段，不能进行年龄的计算，这时需要将它们合并成一个新字段：出生日期。

小白：在 Excel 中我使用 Concatenate 函数进行年份、月份、日这三个字段的合并，那在 SPSS 中如何操作？

Mr. 林：在 SPSS 中也是类似的操作，主要使用 Concat 函数进行字段的合并，它的用法与 Excel 中的 Concatenate 函数一致。现在我们就一起将年份、月份、日这三个字段合并成一个出生日期字段。

STEP 01 打开"用户明细 - 字段合并 .sav"数据文件，单击【转换】菜单，选择【计算变量】，弹出【计算变量】对话框。

STEP 02 在【计算变量】对话框中，在【函数组】框中选择"字符串"类，在【函数和特殊变量】框中双击"Concat"函数，这时"Concat"函数就被移入【数字表达式】框中，然后将表达式修改为"CONCAT(年份 ,"-", 月份 ,"-", 日)"，注意这里的符号都是在英文状态下输入的，这样就完成了公式的编写，如图 2-23 所示。

STEP 03 在【目标变量】框中，输入变量名称"出生日期 2"，如图 2-23 所示，并在【类型与标签】功能中设置类型为"字符串"，将宽度设置为"10"，单击【确定】按钮，就新增了一个"出生日期 2"变量。

Mr. 林：此时生成的"出生日期 2"变量的数据类型为字符串，无法进行年龄计算，我们可以在变量视图中将"出生日期 2"变量数据类型更改为日期型，本例选择"yyyy/mm/dd"日期格式，如图 2-24 所示，这时就得到一个日期型的出生日期变量。

第 2 章　数据处理

图 2-23　【计算变量】对话框

图 2-24　【变量类型】对话框

2.5.2　记录合并

Mr. 林：记录合并，也称为纵向合并，是将具有共同的数据字段、结构，不同的数据表记录信息，合并到一个新的数据表中。

例如，现在我们有分别存放男、女的用户明细数据表："用户明细 - 男 .sav" "用户明细 - 女 .sav"，它们具有共同的数据字段、结构，只是记录信息不一样，为了方便进行整体用户的数据分析，我们需要将这两张表合并成一张数据表。

STEP 01 打开"用户明细 - 男 .sav"数据文件，单击【数据】菜单，将鼠标移至【合并文件】，选择【添加个案】，弹出【添加个案】第一步对话框，如图 2-25 所示。

图 2-25 【添加个案】第一步对话框

STEP 02 在【添加个案】第一步对话框中，单击【浏览】按钮，浏览至存放数据的文件夹下，选择"用户明细 - 女 .sav"数据文件，单击【打开】按钮，返回至【添加个案】第一步对话框，单击【继续】按钮，弹出【添加个案】第二步对话框，如图 2-26 所示。

图 2-26 【添加个案】第二步对话框

STEP 03 在【添加个案】第二步对话框中，确认【新的活动数据集中的变量】框中的变量是否正确，单击【确定】按钮，即可完成记录合并操作。

小白：原来是这样操作的，我之前的想法是直接复制、粘贴过来呢。

Mr. 林：需要注意的是，如果两个数据集合并出现错误或失败，请先返回到两个

第 2 章　数据处理

数据集的【变量视图】窗口中检查：变量的数据类型、宽度、小数位数、值（标签）、列（宽度）、测量及角色这些变量属性设置是否一致，如有不一致，请将它们修改为一样的设置。

2.6　数据分组

Mr. 林： 数据分组，根据分析目的将数值型数据进行等距或非等距分组，这个过程也称为数据离散化，一般用于查看分布，如消费分布、收入分布、年龄分布等。其中，用于绘制分布图 X 轴的分组变量，是不能改变其顺序的，一般按分组区间从小到大进行排列，这样才能观察研究数据的分布规律。

2.6.1　可视分箱

小白： 在 Excel 中，我使用 Vlookup 函数的模糊匹配功能进行数据分组操作，非常方便、快捷，那么在 SPSS 中也是使用类似的函数进行操作的吗？

Mr. 林： 在 SPSS 中数据分组不通过函数进行操作，有专门的数据分组功能——"可视分箱"。我们还是以"用户明细"数据为例进行介绍，了解一下用户年龄分布特征。"用户明细"数据里面已经有了"年龄"变量，现在需要将"年龄"变量进行分组操作，得到一个新的变量"年龄段"。

STEP 01　打开"用户明细.sav"数据文件，单击【转换】菜单，选择【可视分箱】，弹出【可视分箱】第一步对话框，如图 2-27 所示。

图 2-27　【可视分箱】第一步对话框

STEP 02 在【可视分箱】第一步对话框中，将"年龄"变量移至【要分箱的变量】框中，单击【继续】按钮，弹出【可视分箱】第二步对话框，如图2-28所示。

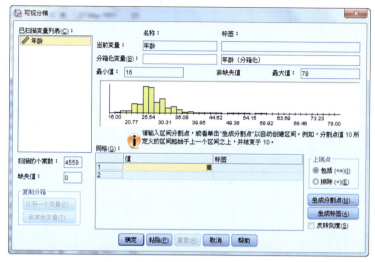

图2-28 【可视分箱】第二步对话框1

STEP 03 在弹出的【可视分箱】第二步对话框中，在【分箱化变量】栏中输入"年龄段"，单击【生成分割点】按钮，弹出【生成分割点】对话框，如图2-29所示。在【第一个分割点位置】栏中输入"20"，在【分割点数】栏中输入"4"，在【宽度】栏中输入"5"，单击【应用】按钮，返回【可视分箱】第二步对话框。

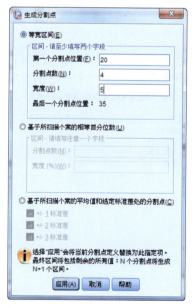

图2-29 【生成分割点】对话框

第 2 章 数据处理

STEP 04 在【可视分箱】第二步对话框中,单击【生成标签】按钮,将生成对应的区间范围标签,如图 2-30 所示,单击【确定】按钮,即可得到"年龄段"变量。

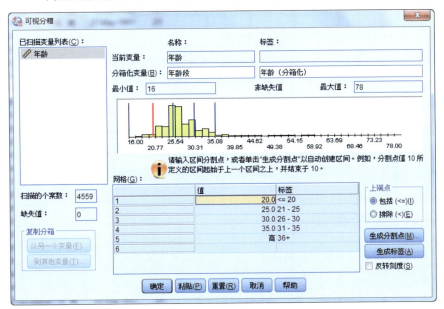

图 2-30 【可视分箱】第二步对话框 2

小白疑惑地问:在【生成分割点】对话框中,为何分别设置 20、4、5 三个参数呢?

Mr. 林:问得好,这个要从【可视分箱】第二步对话框说起,如图 2-28 所示,对话框中给出了一个年龄分布预览图,我们观察这个图,最小值是 16,最大值是 78,年龄主要集中在 20 ~ 35 之间,我们可以把第一个分割点定为 20,组距定为 5,这样 20 ~ 35 之间按组距 5 进行分组可以得到 3 个组,再加上前后 2 个组,就是 5 个组,4 个分割点,分割点参数大致就是这样确定的,没有绝对的标准,只要能达到解决问题的目的即可。

小白:好的,不过我还有个问题,刚才的分组可以算是等距分组,那如果需要进行不等距分组,该如何操作呢?

Mr. 林:如果需要进行不等距分组,则可以在【可视分箱】第二步对话框下方的【网格】中,直接填入自定义的分割点,例如分别填入"20""25""35",第四个"高"会自动生成,然后单击【生成标签】按钮,就可以生成对应的区间范围标签了,如图 2-31 所示。

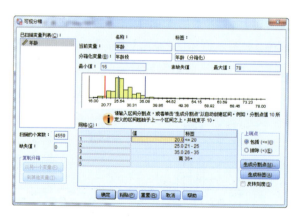

图 2-31 【可视分箱】第二步对话框 3

2.6.2 重新编码

Mr. 林：对于不等距分组的操作，我们也可以采用另外一种方法：重新编码为不同变量。

重新编码可以把一个变量的数值按照指定要求赋予新的数值，也可以把连续变量重新编码成离散变量，如把年龄重新编码为年龄段。

STEP 01　打开"用户明细.sav"数据文件，单击【转换】菜单，选择【重新编码为不同变量】，弹出【重新编码为不同变量】对话框，如图 2-32 所示。

图 2-32 【重新编码为不同变量】对话框 1

STEP 02　在【重新编码为不同变量】对话框中，将"年龄"变量移至【输入变量 -> 输出变量】框中，在右边的【输出变量】的【名称】栏中输入"年龄段"，如图 2-33 所示。

STEP 03　单击【旧值和新值】按钮，弹出【重新编码为不同变量：旧值和新值】对话框，如图 2-34 所示。

第 2 章 数据处理

图 2-33 【重新编码为不同变量】对话框 2

图 2-34 【重新编码为不同变量：旧值和新值】对话框 1

STEP 04 在【重新编码为不同变量：旧值和新值】对话框中，在左边【旧值】框中选择【范围】项，分别依次输入每个分组的范围临界值，同时需要在右边【新值】框的【值】栏中输入对应的新值，并且单击【添加】按钮，将旧值与新值对应关系加入【旧 -> 新】框中。对应关系输入完毕后，如图 2-35 所示，单击【继续】按钮，返回【重新编码为不同变量】对话框。

图 2-35 【重新编码为不同变量：旧值和新值】对话框 2

STEP 05 单击【变化量】按钮，使刚才输入的对应关系生效，单击【确定】按钮，完成生成"年龄段"变量操作。

小白又问道：那么刚才输入的范围区间，在 SPSS 中是如何定义的呢？是左开右闭区间，还是左闭右开区间呢？

Mr. 林：刚才输入的范围区间是左开右闭区间，如果有疑问，只要回到数据表中找几个临界值做下验证即可。另外，生成的"年龄段"变量的值分别为 1、2、3、4，需要我们将其对应的范围标签在【变量视图】中进行——设置，标签个数少时还好，如果标签个数较多，则需要花费一点工作量，具体的操作设置作为你的家庭作业回去完成。

小白：嗯，您说过，每种方法都有优点和不足，只要采用最适合的那种方法就好。

2.7 数据标准化

Mr. 林：数据标准化，是指将数据按比例缩放，使之落到一个特定区间。数据标准化就是为了消除量纲（单位）的影响，方便进行比较分析。常用的数据标准化方法有 0-1 标准化和 Z 标准化。

2.7.1 0-1 标准化

0-1 标准化，也称离差标准化，它是对原始数据进行线性变换，使结果落到 [0,1] 区间。0-1 标准化还有个好处，就是很方便做十分制、百分制的换算，只需乘上 10 或 100 即可，其他分制同理。

计算公式如下：

$$x^* = \frac{x - \min}{\max - \min}$$

注：max 为变量的最大值，min 为变量的最小值。

我们以"用户明细"数据为例进行介绍，对用户的年龄进行 0-1 标准化计算处理，得到一个"标准化值"变量。

STEP 01 打开"用户明细 .sav"数据文件，单击【转换】菜单，选择【计算变量】，弹出【计算变量】对话框。

STEP 02 在【计算变量】对话框中，在【数字表达式】框中输入公式"(年龄 -16) / (78-16)"，这样就完成了公式的编写，如图 2-36 所示。

第 2 章　数据处理

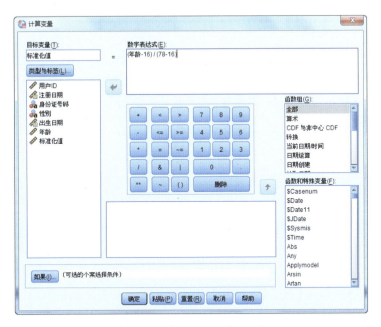

图 2-36　【计算变量】对话框

STEP 03　在【目标变量】框中，输入变量名称"标准化值"，如图 2-36 所示，并在【类型与标签】功能中设置类型为"数值"，如图 2-37 所示。单击【继续】按钮，返回【计算变量】对话框，单击【确定】按钮，就新增了一个"标准化值"变量。

图 2-37　【计算变量：类型和标签】对话框

小白又开始发问了：Mr. 林，如果没有之前的数据分组可视化操作，那么这个最大值、最小值如何得到？

Mr. 林：这个可以通过"描述""探索"等分析功能得到，在后续的课程中会进行详细介绍。

小白：好的。

2.7.2 Z 标准化

Mr. 林： Z 标准化，也称标准差标准化，它是将变量中的观察值（原数据）减去该变量的平均值，然后除以该变量的标准差。经过处理的数据符合标准正态分布，即均值为 0，标准差为 1，也是 SPSS 中最常用的标准化方法。

计算公式如下：

$$x^* = \frac{x - \mu}{\sigma}$$

注：μ 为变量的均值，σ 为变量的标准差。

我们仍以"用户明细"数据为例进行介绍，对用户的年龄进行 Z 标准化计算处理，SPSS 提供了一个可以直接得到 Z 标准化值的功能，这时我们就无须使用【计算变量】对话框手工输入公式进行计算了。

STEP 01 打开"用户明细.sav"数据文件，单击【分析】菜单，将鼠标移至【描述统计】，选择【描述】，弹出【描述】对话框，如图 2-38 所示。

STEP 02 在【描述】对话框中，将"年龄"变量移至【变量】框中，勾选【将标准化值另存为变量】复选框，如图 2-38 所示，单击【确定】按钮，就可以在原数据中"出生日期"变量后面新增一个名为"Z 年龄"的变量。

图 2-38　【描述】对话框

小白睁大眼睛、张大嘴： 哇！果然方便、快捷，不用我自己写公式计算了。

2.8　本章小结

Mr. 林： 小白，今天就先学习到这里，我们一起来回顾一下今天所学的内容：

★　了解数据变量类型和数据变量尺度；

★　了解如何将文本数据、Excel 数据导入 SPSS 中；

第 2 章　数据处理

★　了解 SPSS 中重复数据处理操作；
★　了解 SPSS 中数据抽取两个操作：字段拆分、随机抽样；
★　了解 SPSS 中数据合并两个操作：字段合并、记录合并；
★　了解 SPSS 中数据分组两个操作：可视分箱、重新编码；
★　了解 SPSS 中数据标准化两个操作：0-1 标准化、Z 标准化。

常用的数据处理方法与技巧主要是这些，只要掌握它们的原理，并且能够做到灵活组合运用到实际工作中去，就是真正学会掌握了。

小白: 嗯，晚上我回去就复习 SPSS 这些数据处理方法及操作技巧。Mr. 林，辛苦了！

第 3 章

描述性分析

第 3 章 描述性分析

第三天还没到下班时间，小白就跑到 Mr. 林的办公桌旁： Mr. 林，我们今天开始学习如何用 SPSS 进行数据分析吗？

Mr. 林抬头看了看小白： 小白，昨天讲的数据处理方法和操作技巧都复习了吗？数据处理可是数据分析的重要前提，如果数据处理没有做好，数据分析的结果有可能会产生偏差，乃至错误的结果输出。

小白： 是的，昨天讲过的数据处理方法和操作技巧，我回家后又操作练习了。

Mr. 林： 非常好，今天我们就开始学习如何用 SPSS 进行数据分析。

在前面介绍 SPSS 软件时就已经讲过，SPSS 的模块可以按功能划分为三部分：描述性分析、推断性分析、探索性分析。

- ★ 描述性分析主要是对所收集的数据进行分析，得出反映客观现象的各种数量特征的一种分析方法，它主要包括数据的集中趋势分析、数据离散程度分析、数据的频数分布分析等，描述性分析是对数据进一步分析的基础。
- ★ 推断性分析是研究如何根据样本数据来推断总体数量特征，它是在对样本数据进行描述统计分析的基础上，对研究总体的数量特征做出推断的。常见的分析方法有假设检验、相关分析、回归分析、时间序列分析等方法。
- ★ 探索性分析主要是通过一些分析方法从大量的数据中发现未知且有价值信息的过程，它不受研究假设和分析模型的限制，尽可能地寻找变量之间的关联性。常见的分析方法有聚类分析、因子分析、对应分析等方法。

现在我们就从描述性分析开始学起吧。

小白： 好的。

3.1 频率分析

Mr. 林： 小白，还记得我们在学习 Excel 分析工具库时，就进行过描述统计分析吗？

小白： 我记得当时讲过描述统计分析常用指标，用来分析数据的集中和离散程度。

Mr. 林： 首先我们来学习频率分析。频率分析主要通过频数分布表、条形图和直方图，以及集中趋势和离散趋势的各种统计量来描述数据的分布特征，以便我们对数据的分布特征形成初步的认识，才能发现隐含在数据背后的信息，为后续数据分析提供了方向和依据。

频率分析主要包括分类变量的频率分析和连续变量的频率分析。

3.1.1 分类变量频率分析

Mr. 林： 首先我们需要对使用的案例数据背景做个了解，前段时间我们对公司购物网站用户消费行为以及消费态度进行了一次调研，调查问卷的题目及相关的变量属性信息如图 3-1 所示。

问题类别	题号	变量名称	题目主要内容	问题类型	变量类型
基本信息	Q1	Q1	城市	单选	名义
	Q2	Q2	性别	单选	名义
	Q3	Q3	周岁年龄	数字	标度
购物网站行为	Q4	Q4	在购物网站进行购物的次数	数字	标度
	Q5	Q5_01 ~ Q5_17	购买过的商品类型	多选	名义
	Q6	Q6	在购物网站上每个月的花费	单选	有序
	Q7	Q7_01 ~ Q7_14	购物的原因	多选	名义
	Q8	Q8_C1 ~ Q8_C5	对购物网站的印象	多选	名义
	Q9	Q9_01 ~ Q9_11	对购物网站不满意的地方	多选	名义
消费观念	Q10	Q10_01 ~ Q10_10	消费价值观	数字	有序
背景信息	Q11	Q11	最高学历	单选	有序
	Q12	Q12	职业	单选	名义
	Q13	Q13	婚姻状况	单选	名义
	Q14	Q14	税前个人月收入	单选	有序

图 3-1　案例变量示例

我们就以这份网站用户消费行为的"调研数据"为例，学习在 SPSS 中如何实现分类变量的频率分析。

STEP 01　在 SPSS 中打开"调研数据.sav"文件，单击【分析】菜单，选择【描述统计】，此时右侧弹出子菜单，从中选择第一项【频率】，则弹出【频率】对话框，如图 3-2 所示。

图 3-2　【频率】对话框

STEP 02　在【频率】对话框中，选中需要进行频率分析的变量，移至右侧的【变量】框中。在本例中，将"Q1"和"Q2"两个变量移至右侧的【变量】框中。

小白：Mr. 林，我发现左侧变量列表中都会自动显示每个变量的标签，后面用中括号标识了变量名称，但如果变量标签的定义不直观，我们有什么办法快速找到并选中所需要的变量呢？

第 3 章 描述性分析

Mr. 林： 对于变量标签的定义，首先我们建议尽量标准化、清晰化。如果遇到不方便选择变量的情况，则可以先选中任意一个变量，单击鼠标右键，选择【显示变量名】，如图 3-3 所示，这样左侧的列表中就仅显示变量名称了。

如果事先你知道变量名称的话，在选中任意一个变量后，在键盘上按下变量名称的英文字母（在英文输入法状态下），就可以快速跳转到相应的变量上，便于进行后续的选择操作。

图 3-3 切换变量标签和变量名称的显示

STEP 03 完成选择变量之后，单击【确定】按钮，SPSS 的输出窗口就显示出 Q1 和 Q2 两道题目的频率分析结果，如图 3-4 所示。

统计

		Q1.所在的城市	Q2.性别
个案数	有效	1300	1300
	缺失	0	0

频率表

Q1. 所在的城市

		频率	百分比	有效百分比	累计百分比
有效	北京	163	12.5	12.5	12.5
	上海	182	14.0	14.0	26.5
	广州	161	12.4	12.4	38.9
	深圳	110	8.5	8.5	47.4
	成都	130	10.0	10.0	57.4
	武汉	146	11.2	11.2	68.6
	大连	97	7.5	7.5	76.1
	西安	120	9.2	9.2	85.3
	杭州	191	14.7	14.7	100.0
	总计	1300	100.0	100.0	

Q2. 性别

		频率	百分比	有效百分比	累计百分比
有效	男	620	47.7	47.7	47.7
	女	680	52.3	52.3	100.0
	总计	1300	100.0	100.0	

图 3-4 频率分析默认输出结果

小白：哇，原来轻松地点几下鼠标，一个分析就完成了。

Mr. 林：是的，这个操作便捷的优势也是 SPSS 被广泛应用的原因之一。现在看一下分类变量频率分析的输出结果。

在图 3-4 所示的结果中，第一张表"统计"显示了本次频率分析操作中全部变量的个案数，包括有效个案数和缺失个案数：

★ 有效个案数，即在该变量下，一共有多少个个案是有数值并且没有被定义为缺失值的；

★ 缺失个案数，即在该变量下，全部个案数减去有效个案数，包括本身没有数值和被定义为缺失值的数值。

在本例中，有效个案数为 1300 个，缺失个案数为 0 个。

小白：本身没有数值很容易理解，那么如何理解被定义为缺失值的数值呢？

Mr. 林：对于一些变量，某些数值有特定的含义，比如在某个变量中，数字"9"被研究人员定义为"不清楚/不知道"，由于这一信息在数据分析中通常不被纳入研究范围之内，研究人员需要在 SPSS 中将该变量的值"9"定义为缺失值，那么，一旦变量中出现"9"这个数字，SPSS 就会自动将其默认为缺失值。

小白：我明白了，原来缺失值不仅指没有数值，还包括人为定义的数值。

Mr. 林：第二张和第三张表详细地显示了城市、性别这两个变量每个选项的频率及其百分比，我们可以清晰地了解到被访者的城市及性别分布情况，从城市频率表中可知排名前三的有效个案数依次为杭州（191 个，占比 14.7%）、上海（182 个，占比 14.0%）、北京（163 个，占比 12.5%），从性别频率表中可知女性的有效个案数最多，为 680 个，占比 52.3%，男性为 620 个，占比 47.7%。

小白：我看到最后三列都是百分比，它们有什么区别呢？

Mr. 林：这三列百分比有着各自不同的含义，具体说明如图 3-5 所示。

百分比	有效百分比	累计百分比
计算每类别有效值和缺失值个数占总体的比例	仅计算每类别有效值个数占总体的比例	从第一个类别依次累加有效百分比

图 3-5 "百分比"说明

在我们刚才分析的变量中，由于没有缺失值，所以"百分比"和"有效百分比"的数值是一样的。小白，这里留个作业给你，晚上回家对其他的分类变量进行频率分析。

小白：好的。

3.1.2 连续变量频率分析

Mr. 林：接下来我们来学习连续变量的频率分析，现在我们以"Q3.周岁年龄"这个变量为例进行介绍。

第 3 章　描述性分析

STEP 01　单击【分析】菜单，选择【描述统计】，从右侧弹出的子菜单中选择第一项【频率】，弹出【频率】对话框，将"Q3.周岁年龄"移至右侧的【变量】框中。

STEP 02　单击【统计】按钮，在弹出的【频率：统计】对话框中，选择所需要的统计量，设置完成后如图 3-6 所示。

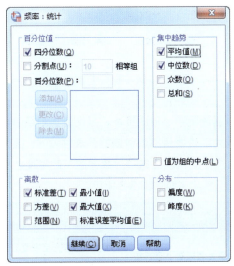

图 3-6　【频率：统计】对话框设置

在【频率：统计】对话框中，SPSS 提供了更为丰富的描述统计量，包括百分位值、集中趋势、离散趋势和数据分布特征四个部分。这些统计量适用于连续变量数据的分析，而对于我们刚才分析的分类变量则不适用。

1. 百分位值

百分位值主要用于对连续变量数据离散程度的测量，我们常用的百分位值一般是四分位数。它是将变量中的数据从小到大排序后，用三个数据点将数据分为四等份，与这三个点相对应的数值称为四分位数。由于是等分整个数据，这三个数据点分别位于数据的 25%（第一四分位数）、50%（第二四分位数，也就是常用的中位数）和 75%（第三四分位数）的位置。依此类推，十分位数则是将数据排序后，用九个数据点把数据分为十等份，百分位数则是用九十九个数据点把数据分为一百等份。

在 SPSS 中，除可以直接选择四分位数外，还可以根据分析的需要任意定义百分位数。

2. 集中趋势

集中趋势反映了数据向其中心值聚集的程度，是对数据一般水平的概括性度量，主要通过平均值、中位数和众数来表示，它们各自的优劣势及适用数据类型如图 3-7 所示，在实际应用中需要根据数据特征选取适当的统计量对结果进行解读。

指标	平均值	中位数	众数
定义	全部数据的算术平均	位于数据中间位置	出现次数最多的数值
优势	充分利用数据全部信息	不受极端值影响	不受极端值影响
劣势	容易受到极端值影响	数据信息量不充分	数据信息量不充分
适用数据类型	定距、定比数据	定序、定距、定比数据	定类、定序数据

图 3-7　集中趋势主要统计量

3. 离散趋势

离散趋势反映了数据远离中心值的程度，是衡量集中趋势值对整个数据的代表程度。数据的离散程度越大，说明集中趋势值的代表性越低；反之，数据的离散程度越接近于 0，说明集中趋势值的代表性越高。数据的离散程度主要通过范围、标准差和方差来表示，它们的定义和优劣势如图 3-8 所示。

指标	范围	方差与标准差
定义	数据中最大值与最小值的差	方差：各数据与均值偏差的平方和的均值 标准差：方差的平方根
优势	计算简单，易于理解	能准确反映数据的离散程度，应用广泛
劣势	容易受到极端值影响，无法准确反映数据离散情况	需要数据服从正态分布，有较明显的极端值时不建议使用

图 3-8　离散趋势主要统计量

4. 分布特征

除上面提到的集中趋势和离散趋势外，对于连续变量，在样本量较大的情况下，研究人员会提出研究假设，认为数据应当服从某种分布，每种分布都可以采用一系列指标来描述数据偏离分布的程度。例如，我们通常会考量数据是否服从正态分布，偏度和峰度就可以用来反映数据偏离正态分布的程度，偏度和峰度越接近于 0，说明数据越符合假定的正态分布。这类指标在实际工作中使用得较少，在此就不详细讲解了，仅需要了解。

STEP 03　单击第二个按钮【图表】，在弹出的【频率：图表】对话框中，选择相应的选项，本例选择【直方图】，并勾选【在直方图中显示正态曲线】复选框，如图 3-9 所示。

Mr. 林：在【频率：图表】对话框中，可以针对不同类型的数据及分析目的输出不同的图表。对于分类数据，如果需要了解数据分布，则可以选择条形图；如果需要了解数据结构,则选择饼图;而对于连续数据,直方图较为适用。

图 3-9 【频率:图表】对话框

小白: Mr. 林,条形图和直方图看着很相似,它们之间的差别在哪里呢?

Mr. 林: 这是个好问题,条形图和直方图的差别主要有以下三点:

★ 条形图主要用于展示分类数据,而直方图则主要用于展示连续数据;

★ 条形图使用条形的长度表示各类别频数的多少,直方图使用面积表示各组频数的多少,矩形的高度表示每一组的频数或频率,宽度则表示各组的组距,因此直方图的高度与宽度均有意义;

★ 直方图分组数据具有连续性,所以直方图的各矩形通常是连续排列的,而条形图表示分类数据,则是分开排列的。

另外,由于连续数据可以测量其数据分布是否为正态分布,所以在直方图的下方有一个选项【在直方图中显示正态曲线】,勾选后即可一并输出正态曲线图。

在选择条形图或饼图后,对话框下方的图表值被激活,可以选择【频率】或【百分比】,这个选项用于输出图表的数值显示方式,可根据需要进行相应的选择。

STEP 04 返回【频率】对话框,由于我们要分析的是连续变量,重点考量数据的集中趋势和离散趋势,所以可以取消勾选【显示频率表】复选框,如图 3-10 所示,单击【确定】按钮,即可得到如图 3-11 所示的输出结果。

图 3-10 【频率】对话框(连续变量设置)

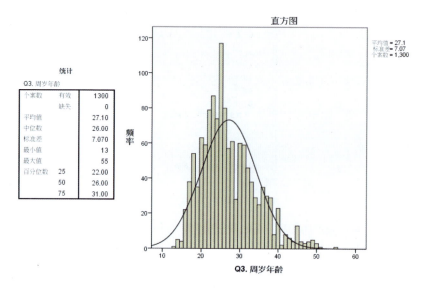

图 3-11 连续变量描述统计输出结果

Mr. 林：我们可以看到，左侧的"统计"表格给出了我们所勾选的统计量，可以大致了解数据的集中趋势和离散趋势，从右侧绘制的直方图也可以看出"周岁年龄"这个变量的数据分布特征，可以发现，该变量的分布大致符合正态分布。

3.2　描述分析

Mr. 林：对于连续变量，除用频率分析外，还可以用描述分析对变量进行初步研究。

STEP 01　单击【分析】菜单，选择【描述统计】，此时右侧弹出子菜单，从中选择第二项【描述】，则弹出【描述】对话框，如图 3-12 所示。

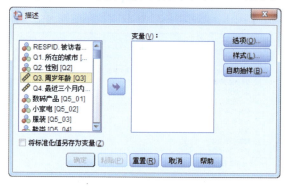

图 3-12　【描述】对话框

第 3 章 描述性分析

STEP 02 在【描述】对话框中,选中需要进行描述分析的变量,移至右侧的【变量】框中。在本例中,我们将"Q3.周岁年龄"变量移至右侧的【变量】框中。

STEP 03 单击右侧的第一个按钮【选项】,弹出【描述:选项】对话框,如图3-13所示,勾选需要输出的统计量。SPSS对于描述选项的默认设置是选中了"平均值""标准差""最大值""最小值",在实际应用中可以根据需要自行增减,在本例中,我们保持默认设置。

图 3-13 【描述:选项】对话框

STEP 04 设置完成后单击【继续】按钮,返回【描述】对话框,单击下方的【确定】按钮,则输出如图3-14所示的结果。

描述统计

	个案数	最小值	最大值	平均值	标准差
Q3.周岁年龄	1300	13	55	27.10	7.070
有效个案数(成列)	1300				

图 3-14 描述分析输出结果

小白: Mr.林,我看到描述统计的输出结果和之前的频率分析的输出结果完全一样,请问这两个分析过程有什么不同呢?

Mr.林: 从描述分析与频率分析的操作过程中,我们可以发现以下两点不同:

★ 描述分析提供的统计量仅适用于连续变量,频率分析既可用于分析连续变量,也可用于分析分类变量;

★ 描述分析无相应统计图绘制输出,并且提供计算的统计量也相对较少。

小白: 听起来这个描述分析的适用范围不广啊。

Mr.林: 是的,但是它也有特别之处啊。还记得我们之前学习的Z标准化吗?

小白： 记得。Z 标准化的方法就是在【描述】对话框的左下角勾选【将标准化值另存为变量】复选框，单击【确定】按钮后，就会在数据中生成一列标准化之后的数值了。

Mr. 林： 非常正确，看来小白你昨天回家复习的效果不错。

小白： 那是老师您教得好！

3.3 交叉表分析

Mr. 林： 刚才学完了对于单个变量的分析，但是在实际分析研究中，还需要掌握多个变量在不同取值情况下的数据分布情况，从而进一步分析变量之间的相互影响和关系，这就要用到接下来将要学习的分析方法——交叉表分析。

小白： 好的。

Mr. 林： 首先了解什么是交叉表。交叉表是一种行列交叉的分类汇总表格，行和列上至少各有一个分类变量，在行和列的交叉处可以对数据进行多种汇总计算，如求和、求平均值、计数等。

交叉表分析是用于分析两个或两个以上分组变量之间的关联关系，以交叉表格的形式进行分组变量间关系的对比分析。它的原理就是从数据的不同角度综合进行分组细分，以进一步了解数据的构成、分布特征，它也是描述分析中常用的方法之一。在 Excel 中我们主要使用数据透视表进行交叉表分析，在 SPSS 中该如何操作呢？我们以婚姻状况与性别为例进行交叉表分析介绍，操作如下：

STEP 01 单击【分析】菜单，选择【描述统计】，此时右侧弹出子菜单，从中选择第四项【交叉表】，则弹出【交叉表】对话框，如图 3-15 所示。

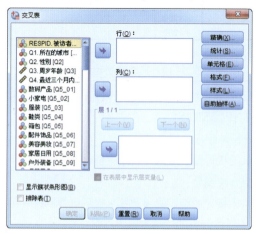

图 3-15 【交叉表】对话框

第 3 章　描述性分析

STEP 02　在【交叉表】对话框中，将"Q13.婚姻状况"移至【行】框中，将"Q2.性别"移至【列】框中。

STEP 03　单击右侧的【单元格】按钮，弹出【交叉表：单元格显示】对话框，如图 3-16 所示。SPSS 默认选中【实测】（即实际值），我们还可以勾选【百分比】下的【列】复选框，以显示列百分比，行百分比和总计百分比可根据分析的需要进行选择。其他选项与描述统计分析的关系不大，故在此不做选择。

图 3-16　【交叉表：单元格显示】对话框

STEP 04　单击【继续】按钮，返回【交叉表】对话框，单击下方的【确定】按钮，输出结果如图 3-17 所示。

个案处理摘要

	个案					
	有效		缺失		总计	
	N	百分比	N	百分比	N	百分比
Q13.婚姻状况 * Q2.性别	1300	100.0%	0	0.0%	1300	100.0%

Q13.婚姻状况 * Q2.性别 交叉表

			Q2.性别		总计
			男	女	
Q13.婚姻状况	未婚单身	计数	272	316	588
		占 Q2.性别的百分比	43.9%	46.5%	45.2%
	未婚恋爱	计数	114	123	237
		占 Q2.性别的百分比	18.4%	18.1%	18.2%
	已婚未育	计数	55	62	117
		占 Q2.性别的百分比	8.9%	9.1%	9.0%
	已婚已育	计数	179	179	358
		占 Q2.性别的百分比	28.9%	26.3%	27.5%
总计		计数	620	680	1300
		占 Q2.性别的百分比	100.0%	100.0%	100.0%

图 3-17　交叉表分析输出结果

Mr. 林：第一张表为"个案处理摘要"，它对个案数进行了汇总，显示有效个案和缺失个案的数量与百分比，本例中有效个案数为 1300 个，占比 100%，无缺失个案。

第二张表是我们所需要的交叉表。先从婚姻状况角度查看数据的分布，在四种婚姻状况中，"未婚单身"占比 45.2%，所占比重最大；其次是"已婚已育"，占比 27.5%，在此基础上增加性别角度，进一步查看数据的分布，在四种婚姻状况中男、女的比例较为平衡。

小白：这个结果是说明总体用户数据也是这样分布的吗？

Mr. 林：不一定。因为这只是从样本数据中得到的描述情况，那么究竟总体用户数据也是这样分布的，还是由于抽样时的偏差所致，仍然需要深入的统计检验来加以确认。

小白：听起来很深奥啊！

Mr. 林：没关系，以后我们都会学到的，先把基础打牢。

3.4 多选题定义

Mr. 林：小白，你还记得调查问卷中的多选题是如何在 Excel 中分析的吗？

小白：当然记得，用求和汇总的方法进行统计分析。

Mr. 林：那么多选题的数据长什么样子呢？

小白：这个问题也难不倒我，多选题数据的录入主要有两种方式：二分法和多重分类法。

★ 二分法：把每一个相应选项定义为一个变量，每一个变量值均做这样的定义——"0"代表未选，"1"代表选中，即对于被调查者选中的选项录入 1，对于未选中的选项录入 0。

★ 多重分类法：事先定义录入的数值，比如 1、2、3、4、5 分别代表选项 A、B、C、D、E，并且根据多选题限选的项数确定应录入的变量个数。例如限选 3 项，那么需要设立 3 个变量，如果调查者在该题选 ACD，则在 3 个变量下分别录入 1、3、4。

Mr. 林：非常正确。SPSS 同样支持二分法和多重分类法两种数据录入方式，但是在分析多选题之前，我们需要先对多选题进行定义，这样 SPSS 才能够正确识别多选题，并进行相应的分析操作。

我们仍然以"调研数据"为例进行多选题的操作介绍。在 SPSS 中，多选题也称为多重响应集，意为使用多个变量记录答案，其中每个个案都可以给出多个答案。

STEP 01 单击【分析】菜单，选择【定制表】，此时右侧弹出子菜单，从中选择第二项【多重响应集】，则弹出【定义多重响应集】对话框，如图 3-18 所示。

STEP 02 选择"Q5"题的全部选项（"Q5_01"到"Q5_17"），移至右侧的【集合中的变量】框中。

第 3 章 描述性分析

图 3-18 【定义多重响应集】对话框（初始状态）

STEP 03 根据数据特征，这些题目均以 0、1 格式作为答案，所以，【变量编码】应当选择【二分法】，在【计数值】后面的栏位中输入"1"，以便 SPSS 统计汇总"1"的个数，也就是统计汇总选中的个数。

STEP 04 在 SPSS 中，"Q5"题的变量标签是每个选项的描述文字，而变量值标签则是"0=否""1=是"，所以，【类别标签来源】应当选择【变量标签】。【集合名称】和【集合标签】分别输入多选题的变量名称和标签文字，此处，【集合名称】输入"Q5"，【集合标签】输入"Q5.在该网站购买过的商品类型"。设置完成后，如图 3-19 所示。

图 3-19 【定义多重响应集】对话框（二分法设置完成）

STEP 05 确认无误后,单击右侧的【添加】按钮,在【多重响应集合】框中出现"$Q5"时,说明该多选题定义完成。

小白: Mr. 林,请问二分法和多重分类法这两种方法在什么情况下使用呢?

Mr. 林: 在通常情况下,如果多选题没有限定选项个数,并且选项个数不多时,则可以采用二分法录入。有时出于某种需要,研究人员会对多选题的选项个数加以限定,比如"最多选五项",虽然也可以用二分法录入,但是会占用较多的空间以及付出较大的工作量,此时,可以改用多重分类法进行录入,只需要少数变量就可以存储答案了。

小白: 那么,对于以多重分类法这种编码方式录入的多选题,有什么要求呢?

Mr. 林: 以多重分类法录入需要确保变量值的一致性,即 1,2,3,…指代的都是同一个变量值标签。在设置时,需要选择【变量编码】下方的【类别】,然后直接输入【集合名称】和【集合标签】。确认无误后,单击右侧的【添加】按钮,完成定义。小白,你可以用"Q8"题练习一下这个操作。

小白认真地按照 Mr. 林的讲解操作起来,不一会儿,就完成了定义,如图 3-20 所示。

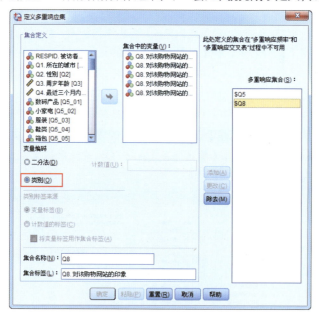

图 3-20 【定义多重响应集】对话框(类别法设置完成)

小白: 现在完成定义多选题了,那么要如何分析它们呢?

Mr. 林: 对多选题的分析我们稍后讲解,先来看看我们定义的多选题是否正确。

STEP 06 确认所有多选题都完成定义后,单击下方的【确定】按钮,输出结果如图 3-21 所示,通过此表我们可以检查确认定义的多选题是否正确。另外,输出结果每列对应说明如图 3-22 所示。

第 3 章　描述性分析

多重响应集

名称	标签	编码为	计数值	数据类型	基本变量
$Q5	Q5. 在该网站购买过的商品类型	二分法	1	数字	数码产品 小家电 服装 鞋类 箱包 配件饰品 美容美妆 家居日用 户外装备 母婴用品 书籍影视 汽配商品 宠物用品 手机话费 网络游戏充值 票务 其他
$Q8	Q8. 对该购物网站的印象	类别	不适用	数字	Q8. 对该购物网站的印象 Q8. 对该购物网站的印象 Q8. 对该购物网站的印象 Q8. 对该购物网站的印象 Q8. 对该购物网站的印象 Q8. 对该购物网站的印象

图 3-21　【多重响应集】定义完成输出结果

列名称	说明
名称	多选题的变量名称，这个名称是虚拟的，在真正的SPSS变量列表中并不存在，所以前面会用美元符号"$"表示
标签	多选题的变量标签，用以描述多选题的内容
编码为	指明该多选题的编码类型是二分法还是多重分类法
计数值	指明二分法以什么数字作为计数的依据。如果多选题是以多重分类法进行编码的，则该列显示"不适用"
数据类型	显示变量类型，通常都是"数字"
基本变量	列举多选题都包括哪些变量，显示对应的变量标签

图 3-22　多选题定义输出结果解读

3.5　数据报表制作

Mr. 林：小白，通过前面的学习，相信你已经能够对分类和连续两种类型的变量进行描述统计分析了。

小白：是的，但是我发现一个问题，各种分析的输出格式似乎不太统一，如果是对少数变量进行分析还勉强说得过去，如果对许多变量进行分析，有没有办法让它们的输出格式统一化、标准化，这样，在阅读和展现分析结果时会更加简洁、直观。

Mr. 林：可以啊。接下来，我教你如何通过 SPSS 专门的表格模块制作专业的数据报表。

小白迫不及待地说：还有这种神器，Mr. 林，快点教我。

3.5.1 报表类型简介

Mr. 林：呵呵，SPSS 的表格模块功能强大，不仅具有完全交互式的操作界面，而且还能在表格输出之前预览表格样式，并且实现多种表格类型的输出。我们常见的表格类型主要有叠加表、交叉表和嵌套表。

- ★ **叠加表**：它是指在同一张表中有多个同类变量的描述分析结果，可以简单地理解为对每个变量分别做同样的分析，然后将结果拼接在一起，如图 3-23 所示。

		计数
Q2.性别	男	620
	女	680
Q11.最高学历	小学及以下	2
	初中	40
	高中/中专/技校/职校	255
	大专	439
	本科	514
	硕士及以上	50

图 3-23 叠加表示意图

- ★ **交叉表**：它是一种行列交叉的分类汇总表格，行和列上至少各有一个分类变量，行和列的交叉处可以对数据进行多种汇总计算，如计数、求百分比、求和、求平均值等，如图 3-24 所示。

		Q2.性别			
		男		女	
		计数	列数 %	计数	列数 %
Q11.最高学历	小学及以下	1	0.2%	1	0.1%
	初中	16	2.6%	24	3.5%
	高中/中专/技校/职校	133	21.5%	122	17.9%
	大专	199	32.1%	240	35.3%
	本科	243	39.2%	271	39.9%
	硕士及以上	28	4.5%	22	3.2%

图 3-24 交叉表示意图

第 3 章 描述性分析

★ 嵌套表：它是指多个变量放置在同一个表格维度中，也就是说，分析维度是由两个及以上变量的各种类别组合而成的。嵌套表主要应用在需要展现较多的统计指标时，能够使结果更为美观和紧凑，如图 3-25 所示。

				计数
Q2.性别	男	Q11.最高学历	小学及以下	1
			初中	16
			高中/中专/技校/职校	133
			大专	199
			本科	243
			硕士及以上	28
	女	Q11.最高学历	小学及以下	1
			初中	24
			高中/中专/技校/职校	122
			大专	240
			本科	271
			硕士及以上	22

图 3-25 嵌套表示意图

3.5.2 分类变量报表制作

Mr.林：接下来将介绍分类变量、连续变量和多选题的报表制作过程，我们继续以"调研数据.sav"为例进行报表制作的操作介绍。

STEP 01 单击【分析】菜单，选择【定制表】，此时右侧弹出子菜单，从中选择第一项【定制表】，则弹出【定制表】对话框，如图 3-26 所示。

图 3-26 【定制表】对话框

该对话框左侧的【变量】框中包含了 SPSS 数据中的所有变量，右侧是制表区域，上边是不同的切换标签,用于对表格进行相关设置,下边是统计量、分类汇总以及表格修饰的选项。

在右侧的制表区域中,有【行】和【列】两个区域,它们是用来放置变量的,可以用鼠标直接从左侧的【变量】框中拖动相应的变量至【行】或【列】区域。

STEP 02 从左侧的变量列表中同时选中"Q1"和"Q2",拖动到右侧的【行】区域,待【行】区域出现红色方框后,松开鼠标,即完成拖曳。此时,右侧出现刚才选中的两个变量,并且下方的选项区域被激活。

STEP 03 单击【定义】下面的【摘要统计】按钮,进入【摘要统计】对话框,如图 3-27 所示。

图 3-27 【摘要统计】对话框(分类变量的报表制作)

STEP 04 对于分类变量的汇总,SPSS 默认采用"计数"汇总方式,可以从【摘要统计】对话框左上侧的【统计】框中选择【列数 %】,单击箭头按钮,将其加入到右侧的【显示】框中,以显示各项百分比。

STEP 05 单击【应用于所选项】按钮,返回【定制表】对话框,完成设置的对话框如图 3-28 所示。

STEP 06 单击【确定】按钮,即可得到如图 3-29 所示的分析结果。

Mr. 林: 从图 3-29 所示的结果可以看到,这两个变量用同样的格式输出关注的统计指标,清晰、直观、易读。

小白: 的确是这样。是不是连续变量的报表制作也是类似的呢?

Mr. 林: 你自己动手操作试试,看哪里是不一样的。

第 3 章 描述性分析

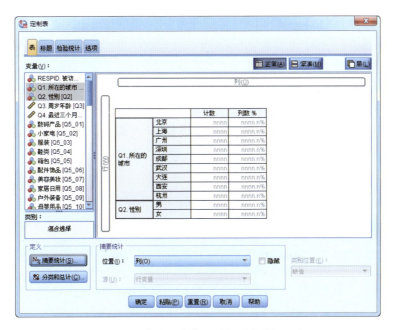

图 3-28 【定制表】对话框（完成设置）

		计数	列数 %
Q1.所在的城市	北京	163	12.5%
	上海	182	14.0%
	广州	161	12.4%
	深圳	110	8.5%
	成都	130	10.0%
	武汉	146	11.2%
	大连	97	7.5%
	西安	120	9.2%
	杭州	191	14.7%
Q2.性别	男	620	47.7%
	女	680	52.3%

图 3-29 分类变量的报表结果

3.5.3 连续变量报表制作

小白接过鼠标，开始操作。

STEP 01 打开【定制表】对话框。

STEP 02 从左侧的变量列表中同时选中"Q3"和"Q4"，拖动到右侧的【行】区域，待【行】区域出现红色方框后，松开鼠标，即完成拖曳。此时，右侧出现刚才选中的两个变量，并且下方的选项区域被激活。

STEP 03 单击【定义】下面的【摘要统计】按钮,小白发现出现的选项和分类变量的选项不一样了。

Mr. 林:没错,SPSS 的表格模块会根据数据类型自动调整统计量的显示。刚才我们分析的是分类变量,所以统计量可以有百分比,但是现在我们分析的是连续变量,更适合的统计量是集中趋势和离散趋势指标。SPSS 已经默认显示"均值",所以,你可以从图 3-30 所示的对话框中选择其他统计量加入右侧的【显示】框中。

图 3-30 【摘要统计】对话框(连续变量的报表制作)

小白选择了"最大值"、"最小值"、"中位数"和"众数",移至右侧的【显示】框中。

STEP 04 单击【应用于所选项】按钮,返回【定制表】对话框,单击【确定】按钮,即可得到如图 3-31 所示的分析结果。

	平均值	最大值	最小值	中位数	众数
Q3. 周岁年龄	27	55	13	26	25
Q4. 最近三个月内的购物次数	4	35	1	3	3

图 3-31 连续变量的报表结果

Mr. 林:非常好。对于表格中的结果解读相信你都已经掌握了。不过,小白,你发现没有,你操作出来的结果没有显示小数。没关系,这个我们稍后也可以进行调整。接下来,我们来学习多选题的报表制作。

3.5.4 多选题报表制作

Mr. 林:多选题的报表制作类似于分类变量,我们之前定义的多选题在整个变量列表的最后。

STEP 01 打开【定制表】对话框。

STEP 02 从左侧的变量列表中拖动滑块至底部,即可看到先前定义好的多选题"Q5"和"Q8"。同时选中这两个变量,拖动到右侧的【行】区域,待【行】区

第 3 章　描述性分析

域出现红色方框后，松开鼠标，即完成拖曳。此时，右侧出现刚才选中的"Q5"和"Q8"两个变量，并且下方的选项区域被激活。

STEP 03　单击【定义】下面的【摘要统计】按钮，弹出【摘要统计】对话框。

Mr. 林：对于多选题，我们主要分析每个选项的回答情况，也就是响应数、响应百分比以及个案百分比。因此，这里我们从右侧的【显示】框中移除【计数】，将【响应】、【列响应%】和【列响应%（基准：计数）】这三个统计量加入【显示】框中，最终设置如图 3-32 所示。

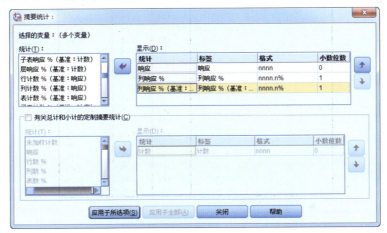

图 3-32　【摘要统计】对话框（多选题的报表制作）

小白：这三个统计量分别有什么含义呢？

Mr. 林：它们能够从不同的角度帮助我们衡量每个选项的表现情况，这也是多选题分析的特别之处。具体含义如图 3-33 所示。

多选题指标	说明
响应	各选项被选中的次数
列响应%	每个选项被选中的次数占总选择次数的比例，即**应答人次百分比**。 如：Q5题中数码产品应答人次百分比为603/7178=8.4% 全部选项的应答人次百分比加总等于100%
列响应% （基准：计数）	每个选项被选中的人数占总人数的比例，即**应答人数百分比**。 如：Q5题中数码产品应答人数百分比为603/1300=46.4% 全部选项的应答人数百分比加总超过100%

图 3-33　多选题统计量含义

STEP 04　单击【应用于所选项】按钮，返回【定制表】对话框，单击【确定】按钮，即可得到如图 3-34 所示的分析结果。

		响应	列响应 %	列响应 %（基准：计数）
Q5. 在该网站购买过的商品类型	数码产品	603	8.4%	46.4%
	小家电	383	5.3%	29.5%
	服装	1167	16.3%	89.8%
	鞋类	943	13.1%	72.5%
	箱包	650	9.1%	50.0%
	配件饰品	435	6.1%	33.5%
	美容美妆	407	5.7%	31.3%
	家居日用	447	6.2%	34.4%
	户外装备	194	2.7%	14.9%
	母婴用品	128	1.8%	9.8%
	书籍影视	546	7.6%	42.0%
	汽配商品	100	1.4%	7.7%
	宠物用品	76	1.1%	5.8%
	手机话费	683	9.5%	52.5%
	网络游戏充值	204	2.8%	15.7%
	票务	207	2.9%	15.9%
	其他	5	0.1%	0.4%
Q8. 对该购物网站的印象	实用	213	10.1%	16.4%
	方便	379	18.0%	29.2%
	正品	236	11.2%	18.2%
	有品位	55	2.6%	4.2%
	信赖	179	8.5%	13.8%
	快速	187	8.9%	14.4%
	新潮时尚	113	5.4%	8.7%
	促销多	739	35.2%	56.8%

图 3-34　多选题的报表结果

小白：现在明白了，虽然都是百分比，但是它们从不同的角度来分析，一方面是从人数的角度，这样能够发现哪个选项是受访者集中选择的；另一方面是从选中次数的角度，这样可以找到响应率的变化。不过，SPSS 默认输出的百分比说明文字读起来比较别扭，有没有办法可以修改一下呢？

Mr. 林：当然有办法，不仅可以修改文字，还有一些其他意想不到的调整，让我们一起来看看如何操作。

3.5.5　报表灵活运用

1. 自定义指标名称和显示格式

Mr. 林：首先是自定义指标名称和显示格式的调整。

STEP 01　打开【定制表】对话框，将多选题"Q5"和"Q8"拖入右侧的制表区域，单击【定义】下面的【摘要统计】按钮，弹出【摘要统计】对话框。

STEP 02　在【摘要统计】对话框的右上方【显示】框中要修改的指标标签所在位置，双击鼠标，待文字被选中后，自行输入想要显示的标签名。

STEP 03　继续在【显示】框中第三列单击要修改的指标格式，从下拉列表中选择适当

第 3 章 描述性分析

的格式，并在第四列对小数位数进行相应的调整。本例中对多选题的指标名称进行修改，并将百分比设置为显示两位小数，设置完成后如图 3-35 所示。

图 3-35 自定义指标名称和显示格式

STEP 04 单击【应用于所选项】按钮，返回【定制表】对话框，单击【确定】按钮，即可得到调整指标名称和显示格式后的分析结果，如图 3-36 中红色方框所示。

		响应	应答人次百分比	应答人数百分比
Q5. 在该网站购买过的商品类型	数码产品	603	8.40%	46.38%
	小家电	383	5.34%	29.46%
	服装	1167	16.26%	89.77%
	鞋包	943	13.14%	72.54%
	箱包	650	9.06%	50.00%
	配件饰品	435	6.06%	33.46%
	美容美妆	407	5.67%	31.31%
	家居日用	447	6.23%	34.38%
	户外装备	194	2.70%	14.92%
	母婴用品	128	1.78%	9.85%
	书籍影视	546	7.61%	42.00%
	汽配商品	100	1.39%	7.69%
	宠物用品	76	1.06%	5.85%
	手机话费	683	9.52%	52.54%
	网络游戏充值	204	2.84%	15.69%
	票务	207	2.88%	15.92%
	其他	5	0.07%	0.38%
Q8. 对该购物网站的印象	实用	213	10.14%	16.38%
	方便	379	18.04%	29.15%
	正品	236	11.23%	18.15%
	有品位	55	2.62%	4.23%
	信赖	179	8.52%	13.77%
	快速	187	8.90%	14.38%
	新潮时尚	113	5.38%	8.69%
	促销多	739	35.17%	56.85%

图 3-36 自定义指标名称和显示格式的结果

2. 自定义分组

Mr. 林： 对于分类变量，有时会有一些需要合并的变量，比如将城市按照一线、二线进行区分，在报表中进行分析。

小白： 我知道，这个可以通过重编码的方式来实现。

Mr. 林： 没错，今天我教你另外一种方法，就是利用表格模块来实现，将"北京"、"上海"和"广州"归为"一线城市"，其余城市归为"二线城市"。

STEP 01 打开【定制表】对话框，从左侧的变量列表中选中"Q1"拖动到右侧制表区域。

STEP 02 单击【定义】下面的【分类和总计】按钮，弹出【类别和总计】对话框。

STEP 03 在【显示】下面的【值】列表中，单击选中标签为"广州"的行。

STEP 04 单击【小计以及计算的类别】中的【添加小计】按钮，如图 3-37 所示。

STEP 05 在弹出的【定义小计】对话框中的【标签】栏输入"一线城市"，如果不想显示原始类别，则可以勾选【在表中隐藏小计类别】复选框，此处将保留原始类别，如图 3-38 所示。

图 3-37 【类别和总计】对话框　　　图 3-38 【定义小计】对话框

STEP 06 单击【继续】按钮，返回【类别和总计】对话框，即可在【值】列表中看到"广州"的下面新增了一行，为"一线城市"，表示"广州"及之上的城市都归为"一线城市"。

STEP 07 同理，在【值】列表中找到最后一个类别，增加小计"二线城市"，表示"广州"之下的城市都归为"二线城市"。

STEP 08 增加完成后单击【应用】按钮，返回【定制表】对话框，再次单击【定义】下面的【摘要统计】按钮，将【列数%】加入到右侧的【显示】框中，以显

第 3 章　描述性分析

示各项百分比。

STEP 09　单击【应用于所选项】按钮，返回【定制表】对话框，单击【确定】按钮，即可得到增加城市分组汇总的分析结果，如图 3-39 所示。

		计数	列数 %
Q1.所在的城市	北京	163	12.5%
	上海	182	14.0%
	广州	161	12.4%
	一线城市	506	38.9%
	深圳	110	8.5%
	成都	130	10.0%
	武汉	146	11.2%
	大连	97	7.5%
	西安	120	9.2%
	杭州	191	14.7%
	二线城市	794	61.1%

图 3-39　自定义分组的结果

3. 自定义值标签位置

Mr. 林：小白，在问卷中，有一道题是消费态度题目，它们在 SPSS 中虽然是用 10 个变量来记录的，但是每个变量值的标签都是一样的。在出报表时，如果直接把这些题目拖动到制表区域，就会发现报表每一个变量的值标签都要分成五行，不利于结果之间进行对比，如图 3-40 所示。

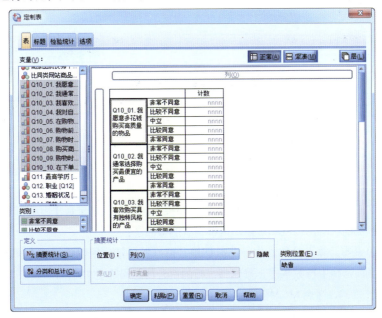

图 3-40　制表区域的默认显示方式

小白：是的，如果能够让这些值标签在每一列上显示就方便比较了。

Mr. 林：这也是没问题的，操作非常简单。

STEP 01 打开【定制表】对话框，从左侧的变量列表中同时选中"Q10_01"到"Q10_10"拖动到右侧制表区域。

STEP 02 在确保所有行变量被选中后（被选中的行变量在 SPSS 表格模块中用浅黄色表示），单击右下方的【类别位置】，在下拉列表中选择【列中的行标签】。

STEP 03 单击【确定】按钮，输出的报表每个值标签都会在列上显示，整体报表就显得简洁、易懂，也便于对比了，如图 3-41 所示。

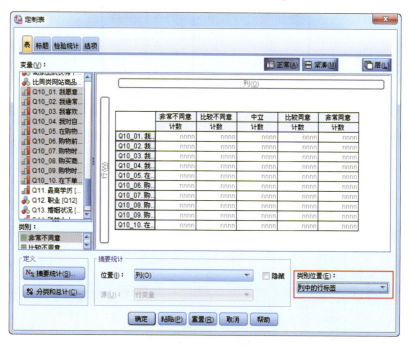

图 3-41 修改值标签后的显示方式

小白：真是太神奇了，我就是想要这样的报表格式。Mr. 林，如果输出这样的报表，需要注意什么呢？

Mr. 林：需要注意两点：

★ 这些变量的值标签必须完全一样，如果不同，【类别位置】就会变成灰色不可选的状态，也就无法输出这种格式的报表了；

★ 如果要计算百分比，由于此时切换了值标签位置，所以应当在【摘要统计】里面选择【行数 %】，确保每一行的百分比总和等于 100%。

小白：好的，谢谢 Mr. 林。

第 3 章　描述性分析

3.6　本章小结

Mr. 林：小白，今天我们学习了不少内容，我们一起回顾一下：

★ 了解在 SPSS 中如何进行频率分析；

★ 了解在 SPSS 中如何进行描述分析；

★ 了解在 SPSS 中如何进行交叉表分析；

★ 了解 SPSS 中多选题的选项设置；

★ 了解 SPSS 中数据报表制作及编辑技巧。

数据描述分析常用的方法和操作主要是这些，慢慢体会，多动手操作，很快你就可以熟练掌握，并在实际工作中灵活运用这些方法了。

小白：今天学的内容很充实，回家后我自己再复习操作几遍，谢谢您了，Mr. 林，明天请您喝咖啡！

第4章 相关分析

第 4 章 相关分析

第四天快到下班时间，小白就手拿两大杯咖啡，来到 Mr. 林的办公桌旁： Mr. 林，这是新出的咖啡，一起品尝下吧。

Mr. 林接过咖啡，边喝边说： 这咖啡味道不错，昨天教的 SPSS 操作都练习了吗？

小白： 必需的呀，我觉得目前 SPSS 已经算入门了，什么时候才能学习和使用到那些高端大气的分析方法呢？

Mr. 林先是一笑，接着微微皱了皱眉头说： 你这是典型的"菜鸟"思维，初学者经常会出现这样的情况。数据分析方法确实可以分为基础的分析方法与高级的分析方法，但不管是基础的方法还是高级的方法，只要能有效、快速地解决工作中的业务问题，就是好方法。

正如 Excel 是一个基础但又很实用的分析工具，我们在工作中经常使用它进行数据分析，而不是一味地追求使用 SPSS、SAS 等高级工具，也就是根据所要解决的业务问题选择合适的方法与工具。

小白： 收到，也就是简单有效。Mr. 林，那接下来我们学习什么方法呢？

Mr. 林： 小白，前面已经学习了描述性分析，但进行数据分析时，不仅仅要描述数据本身呈现出来的基本特征，有时候还要进一步挖掘变量之间深层次的关系，为后期模型的建立及预测做准备。现在开始学习一些常用的推断性分析方法，第一个方法就是相关分析。

小白： 喔，太棒了！

4.1 相关分析简介

Mr. 林： 我们先来了解一下相关的基本概念。

哲学告诉我们，世界是一个普遍联系的有机整体，现象之间客观上存在着某种有机联系，一种现象的发展变化必然受与之相联系的其他现象发展变化的制约与影响。在统计学中，这种依存关系可以分成相关关系和回归函数关系两大类。

（1）相关关系

相关关系是指现象之间存在着非严格的、不确定的依存关系。这种依存关系的特点是：某一现象在数量上发生变化会影响另一现象数量上的变化，而且这种变化在数量上具有一定的随机性。即当给定某一现象一个数值时，另一现象会有若干个数值与之对应，并且总是遵循一定的规律，围绕这些数值的平均数上下波动，其原因是影响现象发生变化的因素不止一个。例如，影响销售额的因素除推广费用外，还有产品质量、价格、渠道等因素。

（2）回归函数关系

回归函数关系是指现象之间存在着依存关系。在这种依存关系中，对于某一变量的每一个数值,都有另一变量值与之相对应,并且这种依存关系可用一个数学表达式反映出来。例如,在一定的条件下,身高与体重存在着依存关系。

小白: 那相关关系如何研究呢?回归函数又如何建立呢?

Mr. 林: 今晚我们先学习相关分析,明晚再学习回归函数的建立,也就是回归分析。

相关分析是基础统计分析方法之一,它是研究两个或两个以上随机变量之间相互依存关系的方向和密切程度的方法。相关分析的目的是研究变量间的相关关系,它通常与回归分析等高级分析方法一起使用。

相关关系可分为线性相关和非线性相关,线性相关也称为直线相关,非线性相关从某种意义来讲也就是曲线相关。

线性相关是最常用的一种,即当一个连续变量发生变动时,另一个连续变量相应地呈线性关系变动,用皮尔逊(Pearson)相关系数 r 来度量。

皮尔逊相关系数 r 就是反映连续变量之间线性相关强度的一个度量指标,它的取值范围限于 [-1,1]。r 的正、负号可以反映相关的方向,当 $r>0$ 时表示线性正相关,当 $r<0$ 时表示线性负相关。r 的大小可以反映相关的程度,$r=0$ 表示两个变量之间不存在线性关系。通常相关系数的取值与相关程度如图 4-1 所示。

相关系数$|r|$取值范围	相关程度
$0 \leq |r| < 0.3$	低度相关
$0.3 \leq |r| < 0.8$	中度相关
$0.8 \leq |r| \leq 1$	高度相关

图 4-1 相关系数与相关程度对应表

在进行相关分析之前,通常通过绘制散点图来观察变量间的相关性,如果这些变量在二维坐标中构成的数据点分布在一条直线的周围,那么就说明变量间存在线性相关关系,如图 4-2 所示。

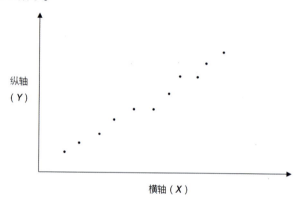

图 4-2 散点图示例

第 4 章 相关分析

需要注意的是，相关关系不等同于因果关系，相关性表示两个变量同时变化，而因果关系是一个变量导致另一个变量变化。例如，一项统计研究显示游泳时溺水人数越高，冰淇淋销售就越多，也就是游泳溺水人数和冰淇淋销售量之间呈线性正相关。由此可以得出结论：吃冰淇淋就会增加游泳溺水的风险吗？

小白：这也太牵强了，应该不可以吧！

Mr. 林：是的，显然不可以！这两个事件显然都是受夏天到了气温升高所影响，是否吃冰淇淋跟游泳溺水风险不存在任何因果关系。

4.2 相关分析实践

Mr. 林：下面我们通过一个"超市销售数据"案例来学习如何用SPSS进行相关分析。这是一家超市连续3年的销售数据，包括月份、季度、广告费用、客流量、销售额5个变量，共36条记录，如图4-3所示。

月份	季度	广告费用	客流量	销售额
201301	1	29.4	13.8	800.0
201302	1	25.0	9.7	685.0
201303	1	19.5	6.8	620.5
201304	2	15.7	6.2	587.0
201305	2	9.0	5.0	565.0
201306	2	15.5	7.8	647.8
201307	3	10.6	5.5	592.7
201308	3	15.9	6.8	554.0
201309	3	17.0	6.9	600.3
201310	4	21.5	9.6	702.8
201311	4	22.6	10.6	728.0
201312	4	28.3	13.7	752.0
201401	1	24.9	13.7	765.4
201402	1	22.2	13.4	734.8

图 4-3 "超市销售数据"示例

小白想了想，说道：从常识性和行业经验看，大型超市的日常销售具有一定的季节性属性，一般受季节、节假日、节庆日等因素影响，同时，商家自身对超市促销的力度也直接影响到客流及销售。

Mr. 林： 没错，这组数据是市场销售方面的典型数据，非常有借鉴价值，那么现在的业务问题是，"广告费用"和"销售额"之间的关系如何？你先尝试用散点图从视觉角度考察是否存在相关性。

4.2.1 散点图绘制

小白按照 Mr. 林口述的操作步骤开始绘制散点图：

STEP 01 在 SPSS 中打开 "超市销售数据.sav" 文件，单击【图形】菜单，选择【旧对话框】，此时右侧弹出子菜单，单击【散点图/点图】，弹出【散点图/点图】对话框，选择【简单散点图】项，单击【定义】按钮。

STEP 02 在弹出的【简单散点图】对话框中，将"广告费用"变量移至【X 轴】框中，将"销售额"变量移至【Y 轴】框中，单击【确定】按钮，即可得到散点图结果，如图 4-4 所示。

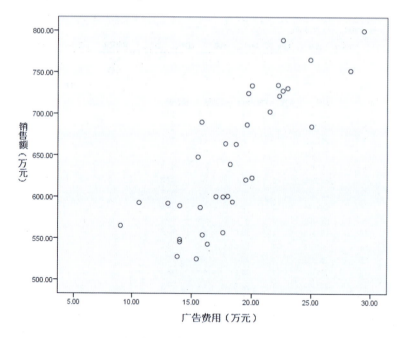

图 4-4　销售额与广告费用关系散点图

小白： 从"广告费用"与"销售额"两个变量关系的散点图可以看出，两个变量之间存在明显的线性正相关关系，"销售额"随着"广告费用"的增加而相应增加。

Mr. 林： 没错，散点图帮助我们实现了对变量间关系的可视化直观判断，如果还想继续了解这两个变量间的相关程度是多少，就需要进行相关分析了。

4.2.2 相关分析操作

Mr. 林：继续使用"超市销售数据"案例进行相关分析操作。

STEP 01 单击【分析】菜单，选择【相关】，此时右侧弹出子菜单，单击【双变量】，弹出【双变量相关性】对话框。

STEP 02 在【双变量相关性】对话框中，如图 4-5 所示，依次将"广告费用""销售额"两个变量移至右侧的【变量】框中，这两个变量均是连续变量，保持【相关系数】框中默认勾选【皮尔逊】复选框，其他选项也保持默认设置，单击【确定】按钮，即可输出相关分析结果。

图 4-5 【双变量相关性】对话框

Mr. 林：接下来一起来看下输出的结果，如图 4-6 所示，可以看到，"广告费用"与"销售额"两个变量间的皮尔逊相关系数 r=0.816，为高度正向相关关系，显著性（P 值）=0.000<0.01，具有极其显著的统计学意义，从实际意义来讲，投入的广告费用越多，销售额也就相应越大。

相关性

		销售额（万元）	广告费用（万元）
销售额（万元）	皮尔逊相关性	1	.816**
	显著性（双尾）		.000
	个案数	36	36
广告费用（万元）	皮尔逊相关性	.816**	1
	显著性（双尾）	.000	
	个案数	36	36

**. 在 0.01 级别（双尾），相关性显著。

图 4-6 相关分析结果示例 1

现在还有一个问题需要了解,就是"广告费用"和"客流量"、"客流量"和"销售额"变量之间的关系,小白,你来操作练习一下吧。

小白:太好了,我正想动手试一试呢。

小白按照 Mr. 林刚才示范的步骤练习,把"广告费用"、"客流量"和"销售额"都移至【变量】框中,很快就得到了三个变量两两之间的相关分析结果,如图 4-7 所示。

相关性

		销售额(万元)	客流量(万人)	广告费用(万元)
销售额(万元)	皮尔逊相关性	1	.832**	.816**
	显著性(双尾)		.000	.000
	个案数	36	36	36
客流量(万人)	皮尔逊相关性	.832**	1	.819**
	显著性(双尾)	.000		.000
	个案数	36	36	36
广告费用(万元)	皮尔逊相关性	.816**	.819**	1
	显著性(双尾)	.000	.000	
	个案数	36	36	36

**. 在 0.01 级别(双尾),相关性显著。

图 4-7 相关分析结果示例 2

小白:从这个相关分析表中可以得知,"广告费用"、"客流量"和"销售额"三个变量两两之间的相关系数 r 都大于 0.8,三个变量两两之间都具有高度正向相关关系,并且具有极其显著的统计学意义。

Mr. 林:嗯,非常正确。

4.3 本章小结

Mr. 林:SPSS 相关分析的内容就介绍到这里,现在来回顾一下今天所学的主要内容:

- ★ 了解什么是相关分析;
- ★ 了解什么是皮尔逊相关系数;
- ★ 了解在 SPSS 中如何绘制散点图,从可视化角度初步判断变量间的相关性;
- ★ 了解在 SPSS 中如何进行相关分析,以及相关分析结果的解读。

小白:Mr. 林,辛苦了!晚上回家我会继续复习相关的知识点与 SPSS 操作。

第5章

回归分析

小白一下班就朝 Mr. 林办公桌走来，对 Mr. 林说：Mr. 林，昨天学习了现象依存关系的第一种关系——相关关系，以及如何分析数据变量间的相关性，今天该学习第二种关系——回归函数关系了吧？

Mr. 林：看把你给急的，那我们现在就来学习回归函数关系吧。通过数据间的相关性研究，我们可以进一步构建回归函数关系，即回归分析模型，进而预测数据未来发展趋势。

小白笑嘻嘻地说：你知道我是很好学的呀！

5.1 回归分析简介

5.1.1 什么是回归分析

Mr. 林：首先了解一下什么是回归。

回归，最初是遗传学中的一个名词，是由英国生物学家兼统计学家高尔顿（Galton）首先提出来的。他在研究人类的身高时，发现高个子回归于人口的平均身高，而矮个子则从另一方向回归于人口的平均身高。

回归分析是研究自变量与因变量之间数量变化关系的一种分析方法，它主要是通过建立因变量 Y 与影响它的自变量 $X_i(i=1,2,3,\cdots)$ 之间的回归模型，衡量自变量 X_i 对因变量 Y 的影响能力的，进而可以用来预测因变量 Y 的发展趋势。例如，销售额对广告费用存在依存关系，通过对这一依存关系的分析，在制定下一期广告费用的情况下，可以预测将实现的销售额。

小白：喔！那相关分析和回归分析有什么联系与区别呢？

Mr. 林：这个问题问得好，相关分析和回归分析的联系与区别如下。

相关分析与回归分析的联系是：两者均为研究及测度两个或两个以上变量之间关系的方法。在实际工作中，一般先进行相关分析，计算相关系数，然后建立回归模型，最后用回归模型进行推算或预测。

相关分析与回归分析的区别是：

★ 相关分析研究的都是随机变量，并且不分自变量与因变量；回归分析研究的变量要定义出自变量与因变量，并且自变量是确定的普通变量，因变量是随机变量。

★ 相关分析主要描述两个变量之间相关关系的密切程度；回归分析不仅可以揭示变量 X 对变量 Y 的影响程度，还可以根据回归模型进行预测。

回归分析模型主要包括线性回归及非线性回归两种。线性回归又分为简单线性回

第 5 章　回归分析

归、多重线性回归,这是我们常用的分析方法; 而非线性回归,需要通过对数转化等方式, 将其转化为线性回归的形式进行研究。所以我们接下来将重点学习线性回归。

5.1.2　线性回归分析步骤

小白：那么线性回归分析该如何做呢？先做什么，再做什么，最后做什么呢？它的步骤是怎样的？

Mr. 林：在进行线性回归分析时，初学者常常会遇到不知道该如何下手的问题，我们现在就梳理一下线性回归分析的步骤，如图 5-1 所示。

图 5-1　回归分析五步法

1. 根据预测目标，确定自变量和因变量

围绕业务问题，明晰预测目标，从经验、常识、以往历史数据研究等角度，初步确定自变量和因变量。

2. 绘制散点图，确定回归模型类型

通过绘制散点图的方式，从图形化的角度初步判断自变量和因变量之间是否具有线性相关关系，同时进行相关分析，根据相关系数判断自变量与因变量之间的相关程度和方向，从而确定回归模型的类型。

3. 估计模型参数，建立回归模型

采用最小二乘法进行模型参数的估计，建立回归模型。

4. 对回归模型进行检验

回归模型可能不是一次即可达到预期的，通过对整个模型及各个参数的统计显著性检验，逐步优化和最终确立回归模型。

5. 利用回归模型进行预测

模型通过检验后，应用到新的数据中，进行因变量目标值的预测。

小白：好的，按这5个步骤进行线性回归分析，思路就清晰多了！

Mr. 林：接下来我们分别学习简单线性回归和多重线性回归，它们的区别在于自变量个数的不同。

5.2 简单线性回归分析

5.2.1 简单线性回归分析简介

Mr. 林：简单线性回归也称为一元线性回归，就是回归模型中只含一个自变量，它主要用来处理一个自变量与一个因变量之间的线性关系。简单线性回归模型为：

$$Y = a + bX + \varepsilon$$

式中，Y——因变量；

X——自变量；

a——常数项，是回归直线在纵坐标轴上的截距；

b——回归系数，是回归直线的斜率；

ε——随机误差，即随机因素对因变量所产生的影响。

小白：截距、斜率不就是我们中学时学习的数学知识吗？

Mr. 林：没错，常数项 a 就是截距，回归系数 b 也就是斜率，表明自变量对因变量的影响程度。那么如何得到最佳的 a 和 b，使得尽可能多的 (X_i, Y_i) 数据点落在或者更加靠近这条拟合出来的直线上，最小二乘法就是一个较好的计算方法。

小白：什么是最小二乘法呢？

Mr. 林：最小二乘法，又称最小平方法，通过最小化误差的平方和寻找数据的最佳函数匹配。最小二乘法名字的缘由有两个：一是要将误差最小化；二是将误差最小化的方法是使误差的平方和最小化。在古汉语中"平方"称为"二乘"，用平方的原因是要规避负数对计算的影响。

最小二乘法在回归模型上的应用，就是要使得观测点和估计点的距离的平方和达到最小，如图5-2所示。这里的"二乘"指的是用平方来度量观测点与估计点的远近，"最小"指的是参数的估计值要保证各个观测点与估计点的距离的平方和达到最小，也就是刚才所说的使得尽可能多的 (X_i, Y_i) 数据点落在或者更加靠近这条拟合出来的直线上。

小白，你只需了解最小二乘法的原理即可，具体的计算过程就交给SPSS处理吧。

小白：好的。

第 5 章 回归分析

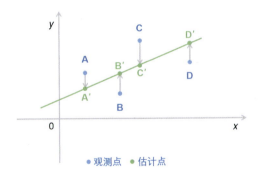

图 5-2 最小二乘法示例

5.2.2 简单线性回归分析实践

Mr. 林：现在来学习在 SPSS 中如何完成简单线性回归分析，仍然使用前面相关分析内容中的"超市销售数据"作为示例，这是一家超市连续 3 年的销售数据，包括月份、季度、广告费用、客流量、销售额 5 个变量，共 36 条记录。

小白：这组数据比较适合回归分析的运用，我们可以根据广告费用或客流量等自变量来预测销售额。

Mr. 林：不要着急，我们首先要明确业务问题和分析目标，要针对问题对症下药，不可没病乱求医。在超市零售业务中，比较常见的问题是"下个月我们能销售多少""为了达成销售目标，我们需要投入多少广告费用"等。现在超市老板希望了解投入不同的广告费用能带来多少销售额，我们可以通过建立一个简单线性回归模型来预测销售额。

现在就按照回归分析的 5 个步骤依次展开。

1. 根据预测目标，确定自变量和因变量

小白：嗯，听您讲后，对回归分析的思路又有了新的认识。例如这组数据，根据一般常识或经验，广告费用投入对销售有很大的影响，我们的目标就是预测销售额，所以可以将"广告费用"作为自变量，将"销售额"作为因变量，评估广告对销售的具体影响。

Mr. 林：对，思路不错。

2. 绘制散点图，确定回归模型类型

Mr. 林：在进行回归分析前，需要了解自变量和因变量间的相关关系，以便判断后续采取回归模型的类型。这一步在相关分析中已经详细介绍过，具体步骤和结果可以复习一下相关分析内容。

小白：嗯，前面已经绘制过散点图，两个变量之间存在明显的线性关系，因此我们采用简单线性回归分析方法是合理的。这一点我理解得对吗，Mr. 林？

Mr. 林：没错。此外，我们发现"广告费用"和"销售额"两个变量间皮尔逊相关系数 r=0.816，为高度正向相关关系，这与散点图得到的初步判断是一致的，"销售额"与"广告费用"之间存在线性相关关系，可尝试建立简单线性回归模型来预测销售额。

3. 估计模型参数，建立线性回归模型

Mr. 林：现在开始建立简单线性回归模型，操作步骤为：

STEP 01 在 SPSS 中打开"超市销售数据.sav"文件，单击【分析】菜单，选择【回归】，此时右侧弹出子菜单，单击【线性】，弹出【线性回归】对话框，如图 5-3 所示。

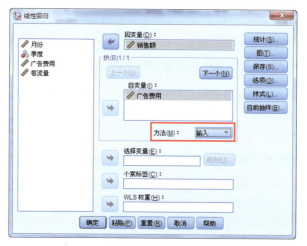

图 5-3 【线性回归】对话框

STEP 02 设置因变量、自变量及选择变量的方法。在【线性回归】对话框中，如图 5-3 所示，将"销售额"变量移至【因变量】框中，将"广告费用"变量移至【自变量】框中，自变量步进【方法】下拉框，采用默认的【输入】方法。

STEP 03 回归系数及拟合度设置。单击【统计】按钮，弹出【线性回归：统计】对话框，如图 5-4 所示。一般情况下，设置两个参数：一是勾选【回归系数】框中的【估算值】复选框，作用是估计出回归系数；二是勾选【模型拟合】复选框，作用是输出判定系数 R^2。其他选项保持默认设置即可，单击【继续】按钮，返回【线性回归】对话框。

STEP 04 自变量步进标准及常数项设置。在【线性回归】对话框中，单击【选项】按钮，弹出【线性回归：选项】对话框，如图 5-5 所示。确认勾选【在方程中

第 5 章 回归分析

包括常量】复选框,即输出拟合直线的截距 a,其他选项保持默认设置即可。单击【继续】按钮,返回【线性回归】对话框。

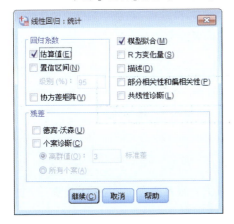 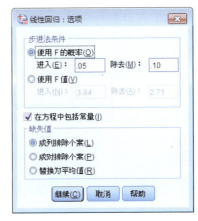

图 5-4 【线性回归:统计】对话框　　图 5-5 【线性回归:选项】对话框

STEP 05 单击【确定】按钮,完成简单线性回归分析。

小白:嗯,原来线性回归的大部分选项是不需要设置的,保持默认设置就可以了。

Mr. 林:没错,SPSS 考虑到众多使用者的体验,将常规参数都设置为默认,能满足日常绝大部分分析需求。

4. 对回归模型进行检验

Mr. 林:接下来对回归分析结果进行解读,按照刚才的操作设置,SPSS 相应输出了 4 个结果表。

(1)线性回归模型输入/除去变量表

第一张表,线性回归模型输入/除去变量表,如图 5-6 所示,本次运算后,SPSS 输出简单线性回归模型建立过程的相关信息,因变量为"销售额",输入的自变量为"广告费用",自变量步进方法为"输入"。

输入/除去的变量[a]

模型	输入的变量	除去的变量	方法
1	广告费用(万元)[b]	.	输入

a. 因变量:销售额(万元)
b. 已输入所请求的所有变量。

图 5-6 线性回归模型输入/除去变量表

(2)线性回归模型汇总表

第二张表,线性回归模型汇总表,如图 5-7 所示,第 2 列为相关系数 r,本例中 r

为 0.816，"销售额"与"广告费用"为高度正向相关关系，与前面的相关分析结果一致；第 3 列 R 方为判定系数 R^2，也称拟合优度或决定系数，即相关系数 R 的平方，用于表示拟合得到的模型能解释因变量变化的百分比，R^2 越接近 1，表示回归模型拟合效果越好，本例中 R^2 为 0.666，模型拟合效果一般，尚可接受。

模型摘要

模型	R	R 方	调整后 R 方	标准估算的误差
1	.816a	.666	.656	46.99532

a. 预测变量：(常量), 广告费用（万元）

图 5-7　线性回归模型汇总表

小白有点迷糊：这里怎么还有一个调整后 R 方？跟 R 方有什么关系？看哪一个结果更合适？

Mr. 林解释道：简单线性回归主要采用 R 方衡量模型拟合效果，而调整后 R 方用于修正因自变量个数的增加而导致模型拟合效果过高的情况，它多用于衡量多重线性回归分析模型的拟合效果。

最后 1 列是标准估算的误差，其大小反映了建立的模型预测因变量时的精度，在对比多个回归模型的拟合效果时，通常会比较该指标，此值越小，说明拟合效果越好，本例只有模型 1，没有实际的对比意义，可以忽略。

（3）线性回归方差分析表

第三张表，线性回归方差分析表，如图 5-8 所示，方差分析表的主要作用是通过 F 检验来判断回归模型的回归效果，即检验因变量与所有自变量之间的线性关系是否显著，用线性模型来描述它们之间的关系是否恰当。

ANOVAa

模型		平方和	自由度	均方	F	显著性
1	回归	149422.924	1	149422.924	67.656	.000b
	残差	75091.045	34	2208.560		
	总计	224513.969	35			

a. 因变量：销售额（万元）
b. 预测变量：(常量), 广告费用（万元）

图 5-8　线性回归方差分析表

表中主要有平方和（SS）、自由度（df）、均方（MS）、F（F 统计量）、显著性（P 值）五大指标，通常我们只需要关注 F 和显著性（P 值）两个指标，其中主要参考显著性（P 值），因为计算出 F 统计量，还需要查找统计表（F 分布临界值表），并与之进行比较大小才能得出结果，而显著性（P 值）可直接与显著性水平 α（0.01、0.05）比较得出结果。

本例中 F 检验的显著性（P 值）=0.000<0.01，即认为模型 1 在 0.01 显著性水平下，由自变量"广告费用"和因变量"销售额"建立起来的线性关系具有极其显著的统计学意义。

显著性（P 值）是在显著性水平 α（常用取值 0.01 或 0.05）下 F 的临界值，一般我们以此来衡量检验结果是否具有显著性，如果显著性（P 值）>0.05，则结果不具有显著的统计学意义；如果 0.01< 显著性（P 值）≤ 0.05，则结果具有显著的统计学意义；如果显著性（P 值）≤ 0.01，则结果具有极其显著的统计学意义。

（4）线性回归模型回归系数表

第四张表，线性回归模型回归系数表，如图 5-9 所示，主要用于回归模型的描述和回归系数的显著性检验。回归系数的显著性检验，即研究回归模型中的每个自变量与因变量之间是否存在显著的线性关系，也就是研究自变量能否有效地解释因变量的线性变化，它们能否保留在线性回归模型中。

系数[a]

模型		未标准化系数		标准化系数	t	显著性
		B	标准误差	Beta		
1	（常量）	377.000	33.528		11.245	.000
	广告费用（万元）	14.475	1.760	.816	8.225	.000

a. 因变量：销售额（万元）

图 5-9　线性回归模型回归系数表

小白：那具体如何解读这个回归系数表中的结果呢？

Mr. 林：第 1 列的常量、广告费用，分别为回归模型中的常量与自变量 X，第 2 列的 B 分别为常量 a（截距）、回归系数 b（斜率），据此可以写出简单线性回归模型：

$$Y=377+14.475X$$

第 5、6 列分别是回归系数 t 检验和相应的显著性（P 值），显著性（P 值）同样与显著性水平 α 进行比较，本例中回归系数显著性（P 值）=0.000<0.01，说明回归系数 b 具有极其显著的统计学意义，即因变量"销售额"和自变量"广告费用"之间存在极其显著的线性关系。

小白：那么第 4 列的标准化系数是用来做什么用的？

Mr. 林：标准化回归系数用来测量自变量对因变量的重要性，只有将因变量和自变量标准化到统一的量纲下才能进行重要性的比较与衡量，本例中标准化系数为 0.816，与相关系数结果是一致的。如果进行模型的使用与预测，还是需要使用非标准化系数的。

小白拍手叫好：有了回归方程式，我们不就可以代入新的自变量值，从而对因变量进行预测了吗？

5. 利用回归模型进行预测

Mr. 林：没错，超市负责人已经制订了下一个月的销售计划，他们将在接下来的月份投入20万元的广告费用，假设在其他因素稳定的情况下，这个月的销售额预计达到多少万元？

小白：我知道怎么做了，根据我们已经建立的简单线性回归模型，只需要将自变量值$X=20$，代入方程式$Y=377+14.475X$中，即$Y=377+14.475*20=666.5$。也就是说，下个月在投入20万元广告费用的情况下，超市销售额预计可以达到666.5万元左右。

Mr. 林：嗯，没错，需要预测的数据较少时，可以采用手工计算的方式进行预测。如果需要预测的数据较多，则可以将工作交给SPSS来完成。在原数据集中输入对应自变量的数据，因变量留空不输入，在【线性回归】对话框中，单击【保存】按钮，在弹出的【线性回归：保存】对话框中，勾选【预测值】框中的【未标准化】复选框，单击【继续】按钮，返回【线性回归】对话框，单击【确定】按钮，就可以在原数据集中新增一列名为"PRE_1"的预测值变量，这样就得到了新增自变量对应的因变量预测值，如图5-10所示。

图5-10　简单线性回归预测结果示例

小白：好的，确实方便，省时、省心、省力。

第 5 章　回归分析

5.3　多重线性回归分析

5.3.1　多重线性回归分析简介

Mr. 林喝了口水，继续说道：刚才学习的简单线性回归，只考虑单因素影响的预测模型，事实上，影响因变量的因素往往不止一个，可能会有多个影响因素，也就是研究一个因变量与多个自变量的线性回归问题，就需要用到多重线性回归分析了。

经常有朋友分不清多重线性回归与多元线性回归，其实很简单，就看因变量或自变量的个数，多重线性回归（Multiple Linear Regression）是指包含两个或两个以上自变量的线性回归模型，而多元线性回归（Multivariate Linear Regression）是指包含两个或两个以上因变量的线性回归模型。

所以，多重线性回归模型为：

$$Y = a + b_1X_1 + b_2X_2 + \cdots + b_nX_n + \varepsilon$$

式中，Y——因变量；

　　X_n——第 n 个自变量；

　　a——常数项，是回归直线在纵坐标轴上的截距；

　　b_n——第 n 个偏回归系数；

　　ε——随机误差，即随机因素对因变量所产生的影响。

偏回归系数 b_1 指在其他自变量保持不变的情况下，自变量 X_1 每变动一个单位所引起的因变量 Y 的平均变化，$b_2 \cdots b_n$ 依此类推。

小白：哦，原来多重线性回归的系数称为偏回归系数。

Mr. 林：建立多重线性回归方程的关键是求出各个偏回归系数 b_n，同样使用最小二乘法估算相应的偏回归系数，具体的计算过程就交给 SPSS 计算处理吧。

5.3.2　多重线性回归分析实践

Mr. 林：多重线性回归分析在 SPSS 操作中和简单线性回归分析是类似的，主要区别在于变量纳入模型的方法以及对输出结果的解读有所不同。我们继续采用"超市销售数据"案例数据，按照回归分析的 5 个步骤依次展开。

1. **根据预测目标，确定自变量和因变量**

简单线性回归中只考虑一个广告费用因素对超市销售额的影响，现在再加入另一个因素——客流量。根据一般超市的经营经验，超市每天客流量大小对销售成交有极大的影响，超市客流量越大，成交的可能性也相应增大，因此我们初步判断超市客流量也是影响总体销售额的一个因素，将客流量影响因素纳入模型中，这样能更全面地衡量销售额影响因素，使预测销售额更加准确。

所以可以将"广告费用""客流量"这两个变量作为自变量，将"销售额"作为因变量，建立多重线性回归模型。

2. 绘制散点图，确定回归模型类型

Mr. 林：接下来，绘制散点图，观察两个自变量和因变量之间是否存在线性关系，小白，就由你来尝试后续的操作步骤吧。

小白：哦，好。

Mr. 林补充道：我希望看到的是在一张图上展示出 3 个变量两两之间是否存在线性关系。

小白：嗯，行啊，我记得 SPSS 可以输出 5 种类型的散点图，其中第二种【矩阵散点图】可以满足我们的分析需求。

STEP 01 在 SPSS 中打开"超市销售数据.sav"文件，单击【图形】菜单，选择【旧对话框】，此时右侧弹出子菜单，单击【散点图/点图】，弹出【散点图/点图】对话框，如图 5-11 所示，选择【矩阵散点图】项，单击【定义】按钮。

STEP 02 在弹出的【散点图矩阵】对话框中，如图 5-12 所示，将"广告费用"、"客流量"和"销售额"3 个变量移至右侧的【矩阵变量】框中，其他选项保持默认设置，单击【确定】按钮，即可完成矩阵散点图的绘制。

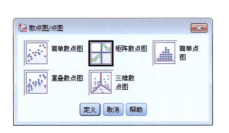

图 5-11 【散点图/点图】对话框　　　　图 5-12 【散点图矩阵】对话框

小白：矩阵散点图结果如图 5-13 所示，从图形可视化的角度初步判断"广告费用""客流量"两个自变量分别与因变量"销售额"存在明显的线性相关关系。

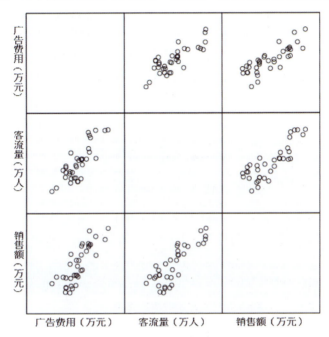

图 5-13　矩阵散点图结果示例

Mr. 林：不错，但你说的结果是不够完整的。在图 5-13 所示的矩阵散点图中，我们还可以发现，"广告费用"和"客流量"之间也存在一定的线性关系，这一点非常重要，对后面的结果可能会产生一定的影响。

3. 估计模型参数，建立线性回归模型

Mr. 林：对散点图绘制操作步骤掌握得不错，接下来可以开始建立多重线性回归模型了，你继续在打开的"超市销售数据.sav"文件上接着往下操作。

小白：好的。

STEP 01　单击【分析】菜单，选择【回归】，此时右侧弹出子菜单，单击【线性】，弹出【线性回归】对话框。

STEP 02　设置因变量、自变量及选择变量的方法。在【线性回归】对话框中，如图 5-14 所示，将"销售额"变量移至【因变量】框中，将"广告费用""客流量"变量移至【自变量】框中，自变量步进【方法】下拉框，采用默认的【输入】方法。

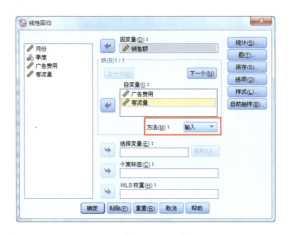

图 5-14 【线性回归】对话框

Mr. 林紧接着说道：在这里对自变量步进【方法】做下补充说明，SPSS 提供了【输入】【步进】【除去】【后退】【前进】5 种自变量步进方法，如图 5-15 所示。

变量选择方法	含义
输入	强制将所选择的自变量纳入回归模型中
步进	将自变量逐个引入模型并进行统计显著性检验，直至再也没有不显著的自变量从回归模型中剔除为止
除去	根据设定条件，直接剔除一部分自变量
后退	根据设定条件，每次剔除一个自变量直至不能剔除
前进	根据设定条件，每次纳入一个自变量直至无法继续纳入

图 5-15 变量选择方法

在这 5 种变量选择方法中，【输入】是 SPSS 的默认选项，因为简单线性回归中只有一个自变量，所以仅能选择该种方法。

多重线性回归中涉及多个自变量，建议采用【步进】方法较为稳健，一般也称之为逐步回归法，是【后退】和【前进】两种方法的结合。逐步回归会根据每个自变量对模型的贡献对自变量进行依次筛选，逐步剔除那些没有显著统计学意义的自变量，直至再也没有不显著的自变量从回归模型中剔除为止，这是一个模型自动优化的过程，在多重线性回归中应用较广。

初学者主要掌握【输入】和【步进】两种方法即可，其他方法仅做了解。

小白：好的，那么我这里需要更改为【步进】方法吗？

Mr. 林：在本例中，因为自变量只有两个，并且从业务角度判断"广告费用""客流量"均是影响"销售额"变化的因素，所以可以采用【输入】将两个变量都纳入模型中，两个变量是否适合参与建模，通过后续输出的模型结果进行判断即可。如果有较多的自变量且无法选择判断，那么就采用【步进】方法，让 SPSS 根据检验结果进行选择。

小白：明白了，那我继续操作。

STEP 03 设置回归系数及拟合度。单击【统计】按钮，在【线性回归：统计】对话框中，勾选【估算值】和【模型拟合】两个复选框。其他选项保持默认设置，单击【继续】按钮，返回【线性回归】对话框。单击【统计】按钮，弹出【线性回归：统计】对话框，如图 5-4 所示，勾选【回归系数】框中的【估算值】复选框，作用是估计出回归系数；勾选【模型拟合】复选框，作用是输出调整后 R 方；其他选项保持默认设置即可，单击【继续】按钮，返回【线性回归】对话框。

STEP 04 设置自变量步进标准及常数项。在【线性回归】对话框中，单击【选项】按钮，弹出【线性回归：选项】对话框，如图 5-5 所示。确认勾选【在方程中包括常量】复选框，即输出拟合直线的截距 a，其他选项保持默认设置即可，单击【继续】按钮，返回【线性回归】对话框。

STEP 05 单击【确定】按钮，完成多重线性回归分析。

Mr. 林：嗯，操作步骤很熟练，没想到小白你掌握得这么好。

小白：那是必需的，这得看是谁教的我，强将手下无弱兵嘛。

Mr. 林：看来你是信心满满，多重线性回归模型现在已经有了结果，你依次解读一下吧。

4. 对回归模型进行检验

小白：SPSS 同样输出了 4 张结果表，我依次来解释一下。

（1）线性回归模型输入/除去变量表

第一张表，线性回归模型输入/除去变量表，如图 5-16 所示，本次运算后，SPSS 输出多重线性回归模型建立过程的相关信息，因变量为"销售额"，自变量为"客流量""广告费用"，自变量步进方法为"输入"。

输入/除去的变量[a]

模型	输入的变量	除去的变量	方法
1	客流量（万人），广告费用（万元）[b]	.	输入

a. 因变量：销售额（万元）
b. 已输入所请求的所有变量。

图 5-16 线性回归模型输入/除去变量表

Mr. 林问道： 第 3 列"除去的变量"是什么意思？为什么是空值？

小白： 因为自变量步进方法为"输入"，所以"广告费用""客流量"两个变量全部纳入模型中，没有移出的变量。

Mr. 林： 理解正确。多问几个为什么，对于提高 SPSS 的掌握程度非常有帮助，SPSS 的每一个结果都十分有指向性，需要认真对待。

小白： 收到，那我们继续看其他参数结果吧，如果说得不对或有遗漏之处，请 Mr. 林再帮忙纠正补充。

（2）线性回归模型汇总表

第二张表，线性回归模型汇总表，如图 5-17 所示，多重线性回归模型的拟合效果主要看第 4 列，调整后 R 方，它主要用于衡量在多重线性回归模型建立过程中加入其他自变量后模型拟合优度的变化。本例中调整后 R 方为 0.732，也就是说，"广告费用""客流量"两个自变量合起来能够解释模型变化的 73.2%，模型拟合效果良好。

模型摘要

模型	R	R 方	调整后 R 方	标准估算的误差
1	.865[a]	.747	.732	41.4479

a. 预测变量：(常量)，客流量（万人），广告费用（万元）

图 5-17 线性回归模型汇总表

（3）线性回归方差分析表

第三张表，线性回归方差分析表，如图 5-18 所示，模型 1 的方差分析结果，F 检验的显著性（P 值）=0.000<0.01，即认为模型 1 在 0.01 显著性水平下，由自变量"客流量""广告费用"和因变量"销售额"建立起来的线性关系具有极其显著的统计学意义。

ANOVA[a]

模型		平方和	自由度	均方	F	显著性
1	回归	167822.223	2	83911.112	48.844	.000[b]
	残差	56691.746	33	1717.932		
	总计	224513.969	35			

a. 因变量：销售额（万元）
b. 预测变量：(常量)，客流量（万人），广告费用（万元）

图 5-18 线性回归方差分析表

（4）线性回归模型回归系数表

第四张表，线性回归模型回归系数表，如图 5-19 所示，第 1 列的常量、广告费用、客流量，分别为回归模型中的常量与自变量 X_1、X_2，第 2 列的 B 分别为常量 a（截距）、

偏回归系数 b_1 和 b_2，据此可以写出多重线性回归模型：

$$Y = 363.31 + 7.229X_1 + 16.381X_2$$

系数^a

模型		未标准化系数		标准化系数	t	显著性
		B	标准误差	Beta		
1	(常量)	363.310	29.864		12.165	.000
	广告费用（万元）	7.229	2.704	.407	2.673	.012
	客流量（万人）	16.381	5.006	.499	3.273	.003

a. 因变量：销售额（万元）

图 5-19　线性回归模型回归系数表

第 4 列为标准化系数，用来测量自变量对因变量的重要性，本例中 X_1、X_2 标准化系数分别为 0.407、0.499，也就是说，客流量对销售额的影响要大于广告费用对销售额的影响。

第 5、6 列分别是偏回归系数 t 检验和相应的显著性（P 值），显著性（P 值）同样与显著性水平 α 进行比较，本例中偏回归系数 b_1 显著性（P 值）=0.012<0.05，说明偏回归系数 b_1 具有显著的统计学意义；偏回归系数 b_2 显著性（P 值）=0.003<0.01，说明偏回归系数 b_2 具有极其显著的统计学意义，即因变量"销售额"和自变量"广告费用""客流量"之间至少存在显著的线性关系。

5. 利用回归模型进行预测

Mr. 林：掌握得不错，模型建立完毕，接下来就要进行预测了。

超市负责人已经制订了下一个月的销售计划，他们将在接下来的月份投入 20 万元的广告费用，根据超市往年客流量数据预计下一个月客流量可达到 10 万人次，假设在其他因素稳定的情况下，下一个月的销售额预计达到多少万元？

小白：嘿嘿！还是将新的自变量数据代入多重线性回归模型的方程式中，最终我们预测销售额可达 671.7 万元左右。当然，如果需要预测的数据较多，就用您教的在【线性回归：保存】对话框中，勾选【预测值】框中的【未标准化】复选框，运行后就可以在原数据集中新增一列预测值变量，这样就得到了新增自变量对应的因变量预测值。

Mr. 林：非常正确，加 10 分。

SPSS 线性回归现在已经难不倒你了，多多练习吧。不过，我还是要提醒你，在现实商业环境中，非常理想的线性回归模型并不多见，诸多影响因素错综复杂，要想让模型完全发挥作用，还需要不断地尝试和调整。

5.4 本章小结

Mr. 林长舒一口气： 回归分析的学问其实还有很多，我们今天只是学习了最常见的线性回归，更深入的知识和技能需要不断地进行学习与练习。现在我们对回归分析的学习内容稍做回顾，加深记忆和理解。

★ 了解什么是回归分析，以及回归分析五步法；
★ 了解什么是简单线性回归分析，以及最小二乘法；
★ 了解 SPSS 简单线性回归模型建立的基本操作及结果解读，并进行预测；
★ 了解什么是多重线性回归分析，以及回归模型中自变量的筛选方法；
★ 了解 SPSS 多重线性回归模型建立的基本操作及结果解读，并进行预测。

小白： 好，今天的学习非常有收获，回家后我自己再复习操作几遍。谢谢 Mr. 林！

第6章
自动线性建模

小白昨天学了回归分析，下班回家复习操作时，在回归分析菜单中，一个菜单名称引起了小白的注意——自动线性建模。

小白心想：自动线性建模，难道回归分析还可以自动建模？

下班后小白带着问题来到 Mr. 林办公桌前：Mr. 林，自动线性建模是一个什么样的功能啊？难道回归分析还可以自动建模？我点进去看了一下，发现和回归分析的对话框差异较大，我该如何使用这个功能呢？

Mr. 林：昨天教你的线性回归分析都掌握了吗？

小白点了点头：嗯！我回去复习操作了，在操作过程中发现自动线性建模功能，所以特意来请教如何使用。

Mr. 林：那好，今天就给你讲讲自动线性建模功能，它是在最经常使用的一般线性模型基础上加以改进，让用户输入最少的参数而自动建立线性模型的一个功能。

自动线性建模的特点主要有：

★ 连续变量、分类变量均可作为自变量参与建模；
★ 能自动寻找对因变量重要性最大的自变量，舍弃重要性很小或不重要的自变量，我们可以不用关心如何选择自变量，自动化的过程会根据数据的特征选择最佳的自变量；
★ 还会自动进行离群值和缺失值等处理，并输出一系列图表来展示回归模型的效果及相关信息。

所以这个功能非常适合小白用户，只需简单几个操作即可完成回归模型的建立。

小白迫不及待地说：好棒的功能，快教我。

6.1 自动建模

Mr. 林：刚好市场部提了一个广告效果预测需求，现在市场部已制订了 6 月 1 日至 7 日的广告投放计划，希望通过建立线性回归模型，预测 6 月 1 日至 7 日的购买用户数有多少。我们手中已有 1～5 月的广告投放效果数据，主要字段有"广告费用""广告投放渠道数""购买用户数"，就以此需求为例，来学习如何在 SPSS 中进行自动线性回归分析。

STEP 01 在 SPSS 中打开"广告效果数据.sav"文件，单击【分析】菜单，选择【回归】，此时右侧弹出子菜单，从中选择【自动线性建模】，则弹出【自动线性建模】对话框，如图 6-1 所示。

STEP 02 将"购买用户数"变量，从【预测变量（输入）】框移至【目标】框中，将"日期"变量，从【预测变量（输入）】框移至【字段】框中，如图 6-1 所示。

STEP 03 单击【模型选项】选项卡，勾选【将预测值保存到数据集】复选框。

STEP 04 单击【运行】按钮。

图 6-1 【自动线性建模】对话框

Mr. 林：操作完毕，SPSS 就根据所选变量的情况自动建立线性模型，输出结果稍后再解读，我们先一起来了解一下【自动线性建模】对话框的功能。

1.【字段】选项卡

【字段】选项卡主要用来设置自动线性回归模型的因变量和自变量，如图 6-1 所示。为了方便使用，SPSS 默认数据中所有的变量都是自变量，我们只需要将因变量移至【目标】框中即可，也可将明显不是自变量的变量移出【预测变量】框，例如"日期""用户 ID"等变量。

因变量、自变量的设置操作，也可以在【变量视图】中，将相应变量的【角色】属性设置为【输入】或【目标】，再打开【自动线性建模】对话框时，各个变量也会在对应的变量框中显示。如果不清楚变量是否有用，没关系，就交给 SPSS 处理吧，SPSS 会根据变量的类型及重要性，自动筛选寻找自变量并建模，非常智能化。

小白：的确很智能，适合我这种"小白"用户。

2.【构建选项】选项卡

【构建选项】选项卡主要用来设置建立模型的相关参数，刚才我们并未操作设置此选项卡，均采用了 SPSS 默认设置，现在我们主要来看一下常用的【目标】【基本】【模型选择】前三个项目的参数设置，【整体】【高级】项目采用默认设置即可。

（1）【目标】项目

【目标】项目主要用来设置建模的主要目标，如图 6-2 所示，主要有四个目标：

- ★ 创建标准模型，创建一个可以使用自变量预测目标的传统模型，一般来说，标准模型更易于理解，而且预测评分速度更快；
- ★ 增强模型准确度（boosting），使用 Boosting 构建整体模型的方法，可生成一个模型序列来获得更多精确的预测值，与标准模型相比，整体模型需要更长的时间来构建和预测评分；
- ★ 增强模型稳定性（bagging），使用 Bagging 构建整体模型的方法，可生成多个模型来获得更多可靠的预测值，与标准模型相比，整体模型需要更长的时间来构建和预测评分；
- ★ 为大型数据集创建模型（需要 Server），通过将数据集拆分成单独的数据块来构建整体模型的方法，主要用于大型数据集建模，且需要与 IBM SPSS Statistics Server 连接，同样需要比标准模型更长的时间来预测评分。

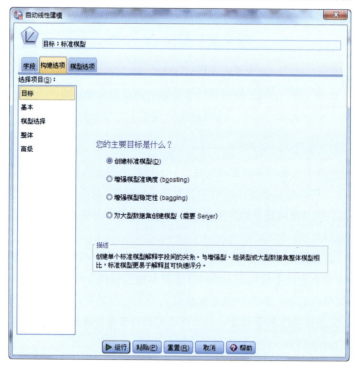

图 6-2 【构建选项】选项卡 – 目标

我们直接采用 SPSS 默认的【创建标准模型】即可，其他三个目标仅做了解。

第 6 章　自动线性建模

（2）【基本】项目

【基本】项目主要用来设置是否进行自动准备数据，就是前面所说的自动进行离群值和缺失值等处理，通常直接采用 SPSS 默认勾选的【自动准备数据】即可，如图 6-3 所示。

图 6-3　【构建选项】选项卡 – 基本

（3）【模型选择】项目

【模型选择】项目主要用来设置变量筛选方法，有三种筛选方法：

★ 包括所有预测变量，即不做自变量筛选，所有自变量都参与模型的建立；

★ 向前步进，将自变量逐个引入模型中并进行统计显著性检验，直至再也没有不显著的自变量从回归模型中剔除为止。这是 SPSS 默认选择的方法，若选择此项，则需要在下方的【向前步进选择】框中设置输入/除去条件，使用默认筛选准则"信息条件（AICc）"即可，如图 6-4 所示；

★ 最佳子集，用统计学中的变量选择模型算法进行自动筛选最佳自变量，它的计算步骤要比"向前步进"更多，因为其选择过程考虑了所有变量组合方式，在变量超过 10 个以上，且又想快速得到结果的情况下不推荐使用。

小白：那么什么是信息条件啊？ AICc 又是什么呢？

Mr. 林：一般建立模型后，需要从统计学方法论的角度来评判模型建立的效果，如果有多组变量组合就可能建立多组模型，那么就需要得知其中哪些模型效果较好，需要保留，哪些模型效果较差，需要淘汰掉。

图 6-4 【构建选项】选项卡 – 模型选择

评价标准之一就是信息条件，也称为信息准则。在 SPSS 所有的统计过程中，常见的信息准则有 AIC（Akaike Information Criterion，赤池信息量准则）、BIC（Bayesian Information Criterion，贝叶斯信息量准则）两种，而 AICc 准则是为了适应小样本数据，在 AIC 准则公式的基础上进行调整修正，适用于任何样本量，AIC 准则只适用于大样本数据，所以 AICc 准则更为通用。

小白：那么如何用这些数字评判回归的效果呢？

Mr. 林：信息准则的数值越小表示模型越好，但没有绝对的数值大小标准，只需要通过不同模型的信息准则进行对比选择较优的即可。

3. 【模型选项】选项卡

【模型选项】选项卡主要用来设置模型的保存，如图 6-5 所示。模型的保存信息主要包含：

★ 模型的预测结果，也就是在数据集中保存对因变量的预测结果，这里只需要勾选【将预测值保存到数据集】复选框即可，SPSS 自动将预测值的变量命名为"PredictedValue"，也可以输入自定义的预测值变量名称；

第 6 章 自动线性建模

★ 模型本身，包括变量、参数的保存，在 SPSS 中模型会保存为 XML 文件形式，通过导出功能将模型文件压缩为 ZIP 文件，可以通过【实用程序】的【评分向导】功能读取模型、查看模型信息，以及对新数据集进行应用预测评分。

图 6-5 【模型选项】选项卡

6.2 模型结果解读

Mr. 林：现在来看看刚才输出的结果，如图 6-6 所示，和其他 SPSS 的输出结果不同，自动线性回归的结果是以可视化报表方式呈现的，刚接触时可能并不习惯这种方式，多使用几次就习惯了。

双击输出结果的任意位置，输出结果被激活，进入模型查看器。

1. 模型摘要

第一张图为模型摘要，如图 6-6 所示，图中用进度条图来展现模型拟合的效果。它类似于普通线性回归中的 R^2（决定系数），一般模型准确度大于 70% 就算拟合得不错，60% 以下就需要修正模型，可以通过增加或删除一些自变量后再次建模进行修正，本例中模型准确度达到了 94.8%，效果不错。

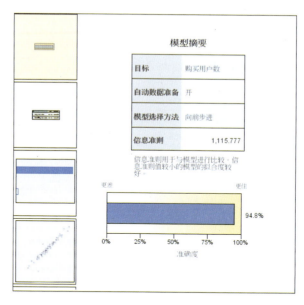

图 6-6 自动线性回归模型输出结果

2. 自动准备数据

第二张图是建模的自动准备数据过程信息，比如各个变量的角色，对其进入模型之前都做了哪些预处理操作，常见的预处理就是离群值、缺失值等处理，只要勾选【自动准备数据】复选框，SPSS 就会自动进行处理，我们无须做处理，了解一下即可。

3. 预测变量重要性图

第三张图为预测变量重要性图，如图 6-7 所示，用条形图的方式给出了模型中每个自变量的重要性，按对因变量影响强度的大小降序排列，重要性是相对值，因此显示的所有自变量的重要性总和为 1，其中自变量的重要性与模型精度无关。

本例中"广告费用"变量的重要性最大，而"广告投放渠道数"变量的重要性最小。我们可以用鼠标拖动最下面的刻度来交互筛选图中保留的自变量，例如把最左边的刻度往右拖动一个单位，原来 2 个变量就只剩下 1 个变量，因为"广告投放渠道数"这个变量因为重要性低于筛选的标准，从预测变量重要性图中去除了，如果要还原它，只需要将刻度向左拖动一个单位即可。

4. 预测 – 实测散点图

第四张图为预测 - 实测散点图，如图 6-8 所示，也就是预测值和实际因变量值绘制的散点图，横轴为实际因变量值，纵轴为预测值。它用于考察预测效果，如果效果较好，数据点应该是在一条 45°线上分布的，本例中预测值与实际因变量值较为接近，预测效果较好。

第 6 章　自动线性建模

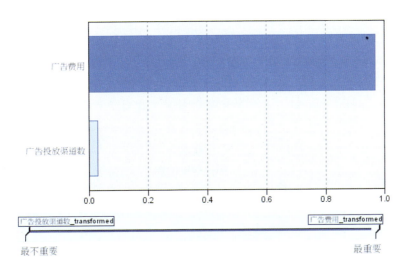

图 6-7　预测变量重要性图

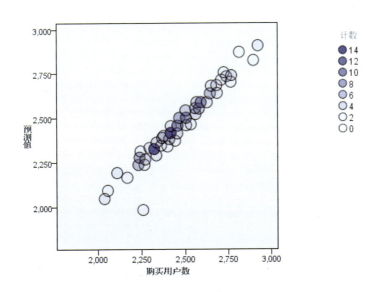

图 6-8　预测－实测散点图

5. 残差图

第五张图为残差图，如图 6-9 所示。残差是指实际值与预测值之间的差，残差图用于回归诊断，也就是用来判断当前模型是否满足回归模型的假设：回归模型在理想条件下的残差图是服从正态分布的，也就是说，图中的残差直方图和正态分布曲线是一致的，SPSS 默认给出了残差的频数分布直方图以及拟合的正态分布曲线。

本例中残差直方图和正态分布曲线是一致的，可以得出残差图是接近正态分布的结论，满足回归模型的假设。如果需要输出 P-P 图，则可以单击图左下侧的【样式】下拉按钮，更改为 "P-P 图" 即可，如图 6-9 所示。

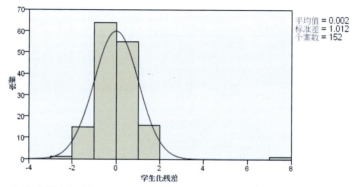

图 6-9　残差图

6. 离群值

第六张图是强影响点（离群值）的诊断，如图 6-10 所示，SPSS 会计算出库克距离，采用表格的方式输出了强影响点个案 ID、因变量及相应的库克距离，库克距离越大的个案对回归拟合影响的程度越大，此类个案可能会导致模型准确度下降。

7. 回归效果图

第七张图为回归效果图，如图 6-11 所示，用于展现及比较各个自变量对因变量的重要性。每个显著的连续变量均会作为一个模型项，并对应一条线条，如果有显著的分类变量纳入模型中，那么模型将分类变量的每一种显著的类别分别作为一个模型项，并分别对应一条线条。

第 6 章　自动线性建模

离群值
目标：购买用户数

记录 ID	购买用户数	库克距离
96	2,258	1.269
115	2,109	0.086
72	2,895	0.057
98	2,812	0.053
124	2,763	0.045

库克距离值较大的记录在模型计算中的影响极大。此类记录可能会导致模型准确度下降。

图 6-10　离群值

线条上下顺序是按照自变量的重要性大小降序排列的，由此可以判断各个自变量的重要性。线条粗细则表示显著性水平，显著性水平越高其线条越粗。将鼠标移至线条上，可以查看相应自变量具体的信息：显著性、重要性。

本例中，"广告费用"这个自变量对购买用户数的影响最大，重要性为 0.97，如图 6-11 所示。

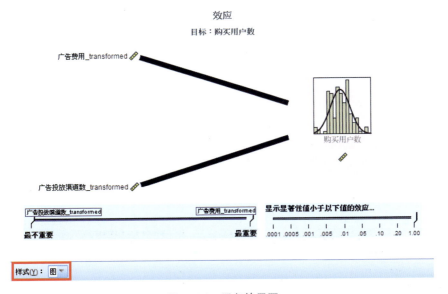

图 6-11　回归效果图

我们还可以单击图左下侧的【样式】下拉按钮，更改为"表"，就可以得到方差分析表，它是回归效果图的细化表，列出了平方和、自由度、均方、F 统计量等相关指标，如图 6-12 所示。

图 6-12　回归方差分析表

8. 回归系数图

第八张图为回归系数图，如图 6-13 所示，是这个模型中最重要的一张图，它是第七张回归效果图的细化，增加了截距、回归系数等信息，用颜色区分回归系数的正负，蓝色代表正数，橙色代表负数。同样，线条顺序是按照重要性大小降序排列的，线条粗细表示回归系数的显著性水平。将鼠标移至线条上，可以查看相应自变量具体的信息：回归系数、显著性、重要性。

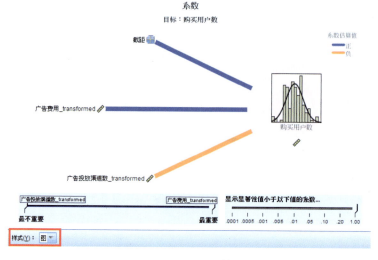

图 6-13　回归系数图

第 6 章　自动线性建模

我们还可以切换为表格方式查看模型回归系数结果，同样通过单击图左下侧的【样式】下拉按钮，更改为"表"，就可以得到回归系数表，如图 6-14 所示。

系数

目标：购买用户数

模型项	系数 ▶	显著性	重要性
截距	1,768.096	.000	
广告费用_transformed	94.439	.000	0.970
广告投放渠道数_transformed	-15.681	.000	0.030

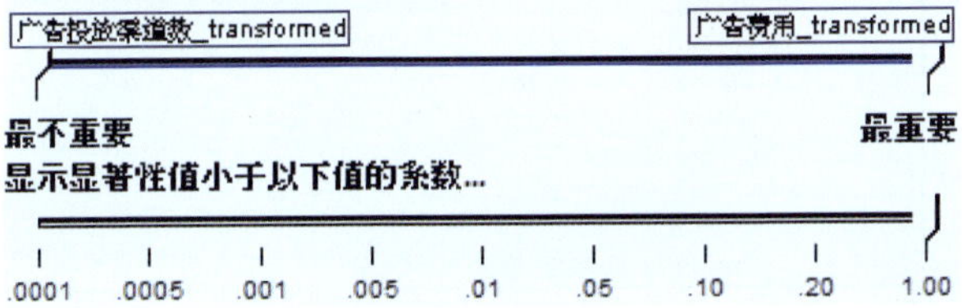

图 6-14　回归系数表

通过回归系数表，我们可以清晰地看到模型的自变量及对应的回归系数、显著性检验结果、重要性，每个自变量的显著性水平都小于 0.01，说明每个自变量的回归系数都具有极其显著的统计学意义。

如果希望把回归系数表的结果复制下来，则可单击鼠标右键，选择【复制对象】项，然后在 Word 或者 Excel 中进行粘贴，就可以得到回归系数表的信息。

9. 均值线图

第九张图是因变量分别与各个自变量绘制的均值线图，如图 6-15 所示，用直观的图形方式帮助我们研究因变量与各个自变量之间的关系，不显著的自变量不会生成对应的均值线图。本例中，"广告费用"与"购买用户数"之间存在着明显的线性关系，如图 6-15 所示。

10. 模型构建摘要表

第十张图为模型构建摘要表，用于输出模型构建过程信息，如图 6-16 所示，可以看到模型的信息准则值（AICc）是从左到右依次递减的，前面介绍过其数值越小，表示模型效果越好，也就是说，随着自变量逐渐被选择进入模型，使得模型拟合效果越来越好。

估算平均值

目标：购买用户数

显示了前 10 个显著效应 (p<.05) 的估算平均值图表。

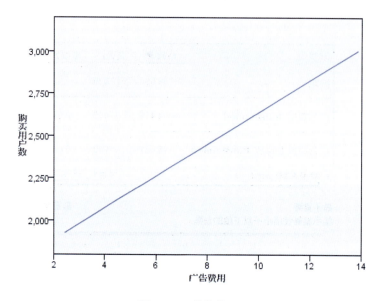

图 6-15　均值线图

模型构建摘要

目标：购买用户数

		步骤	
		1	2
信息准则		1,145.642	1,115.777
效应	广告费用_transformed	✓	✓
	广告投放渠道数_transformed		✓

模型构建方法是使用信息准则的向前步进法。
勾选标记表示，在此步骤，此效应存在于模型中。

图 6-16　模型构建摘要表

6.3　模型预测

小白：Mr. 林，结果解读完了，那预测值在哪里？

Mr. 林：小白，还记得我们在之前的模型参数设置中勾选了【将预测值保存到数据集】复选框吗？SPSS 已经在数据集中最后一列增加了一个新变量："PredictedValue"，也就是预测值。现在就回到【数据视图】查看新增的"PredictedValue"变量，如图 6-17 所示，数据集中最后一列就是预测值，这样就可以根据 6 月 1 日至 7 日的广告投放计划，预测得到 6 月 1 日至 7 日的购买用户数。

除通过直接在原数据集中增加一列预测值的方式得到预测值外，还可以将模型导出并应用到新的数据集中进行预测评分，前提是新的数据集的数据结构要与建模使用的数据集一致。需要先打开新数据集，通过【实用程序】的【评分向导】功能导入模型，导入后即可查看建模方法、因变量、自变量等模型相关信息，然后根据【评分向导】对话框一步步操作即可完成对新数据集的预测评分。这个操作很简单，就留给你作为课后作业吧。

小白：好的。

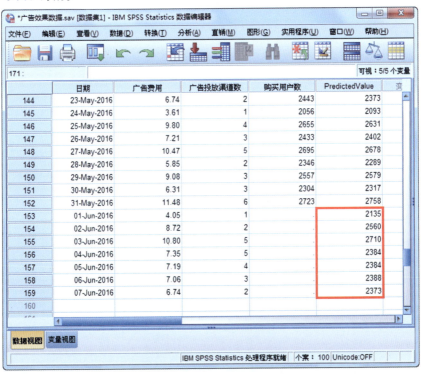

图 6-17　数据预测值输出结果

6.4 本章小结

Mr. 林：最后，我们回顾一下今天所学的知识：
- ★ 了解什么是自动线性建模及其特点；
- ★ 了解在 SPSS 中如何进行自动线性建模；
- ★ 了解如何解读、评估自动线性建模结果；
- ★ 了解预测评分的两种方法。

小白兴奋地说：今天学的自动线性建模简单、实用，要给 32 个赞！回家后我自己再复习操作几遍，并完成家庭作业，谢谢 Mr. 林！

Mr. 林：不客气，你先回家吧！我还要把这个预测数据结果整理一下发给市场部。

第 7 章

Logistic 回归

下班时小白愁眉苦脸地来到 Mr. 林办公桌旁。

Mr. 林看见小白一副苦瓜脸，就问道：小白，怎么了？有什么不开心的事说出来，让我开心一下。

小白：Mr. 林，你就别拿我寻开心了，刚才牛董把我叫去他的办公室，说最近公司网站用户登录规模有所下滑，用户流失增加，让我研究一下是否可以预测哪些用户容易流失，哪些用户不容易流失，然后把结果提交给市场部，策划相应的挽留活动。

我用过你教的线性回归方法进行尝试，发现行不通，就不知道该怎么办，只好来向你求助了。Mr. 林，你有什么好的预测方法吗？

Mr. 林听了小白的陈述后说：原来是这么回事，原先教你的线性回归确实解决不了这个问题，不过，我这还真有可以解决这个问题的方法。

小白此刻激动不已地说：是什么好方法？快教我，Mr. 林，你最帅了！

Mr. 林笑着说：哈哈！你就会这招。好吧，我先问你，之前我们学习的线性回归有一个共同点，知道是什么吗？

这个问题可难倒了小白，她仔细回忆了一遍所学内容，似乎都没有提到这个知识点。

Mr. 林：你看，我们不仅要熟知操作过程和结果解读，还要总结各种方法的联系与区别，这样就能有更深刻的理解。我可以提示你一下，你想想看，在所学的线性回归分析中，因变量的类型是什么呢？

小白恍然大悟地说：是连续变量。

Mr. 林：没错。那么我再问你，现在遇到的问题，也就是要预测的因变量的类型是什么？

小白：用户是否会流失，因变量的值只能是"是"或者"否"，属于分类变量。那么，如何预测分类变量呢？

Mr. 林看到小白茫然的表情，笑道：哈哈，还是可以用回归分析来做的，不过是另外一种回归分析，称为 Logistic 回归。

小白听到立马兴奋起来：这个回归方法我之前听说过，觉得好厉害的样子。Mr. 林，今天我们就学习这个分析方法吧。

Mr. 林：好的，今天就来认识一下 Logistic 回归吧。

小白：太感动了。

7.1 Logistic 回归简介

Mr. 林：Logistic 回归是针对因变量为分类变量而进行回归分析的一种统计方法，属于概率型非线性回归。

在线性回归中，因变量是连续变量，那么线性回归能够根据因变量和自变量之间存在的线性关系来构建回归方程。但是，一旦因变量是分类变量，那么因变量与自变量之间就不存在这种线性关系了。这个时候，就需要通过某种变换来解决这个问题，这个变换称为对数变换。

小白问道：进行对数变换的目的是什么呢？

Mr. 林：对数变换的目的就是将非线性问题转换为线性问题，这样就能够使用线性回归相关理论和方法来解决非线性回归的问题。

Logistic 回归涉及的对数变换过程可以不用深入了解，我们只需要了解其原理并且会实际应用就可以了，具体的对数变换过程就交给统计学家去研究吧！

小白：好的。

Mr. 林：分类变量包括二分类和多分类。

- ★ 二分类：顾名思义，就是两个分类状态，例如用户是否购买商品、用户是否流失等都属于二分类；
- ★ 多分类：就是具有多个类别的状态，例如客户价值分类，可分为高价值客户、中价值客户、低价值客户。

在实际应用中，二分类的情况更为常见，也更容易解释，因此，我们主要学习二分类的 Logistic 回归，后续如无特指，二分类 Logistic 回归均简称为 Logistic 回归。

二分类 Logistic 回归，也就是因变量只有两个分类值：1 和 0，对应"是"和"否"，或者"发生"和"未发生"这样的状态。

在模型预测中，我们不是直接得到分类值 1 和 0 的，而是以发生的可能性大小来衡量的。换句话说，就是得到一个介于 0 和 1 之间的概率值 P，我们使用这个概率值 P 来进行预测因变量出现某个状态的可能性。

小白：好的，那么因变量跟概率值 P 是什么关系呢？

Mr. 林：因变量跟概率值 P 的关系，如图 7-1 所示。

（1）若概率值 P 大于或等于 0.5，且小于或等于 1，则因变量对应的是分类值 1，即"是"或"发生"；

（2）若概率值 P 小于 0.5，且大于或等于 0，则因变量对应的是分类值 0，即"否"或"未发生"。

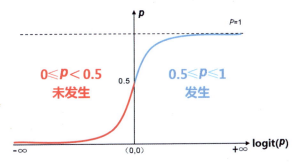

图 7-1　二分类 Logistic 回归 S 型曲线图

小白：Logistic 回归是否也有方程表达式呢？

Mr. 林：当然有，经过变换的 Logistic 回归方程表达式如下：

$$\text{logit}(P) = \beta_0 + \beta_1 x_1 + \beta_2 x_2 + \cdots + \beta_n x_n$$

其中，logit(P) 就是对概率值 P 进行对数变换，经过变换之后，logit(P) 的取值范围为$(-\infty, +\infty)$，与自变量就呈线性关系，但是 logit(P) 不等同于一开始所介绍的分类因变量，而且 β_0、β_1、β_2、…、β_n 是变换之后的回归系数。

小白：看来 Logistic 回归和前面学习的线性回归既有一定的联系又有所差异。

Mr. 林：是的，它们之间的不同主要体现在四个方面，如图 7-2 所示。

线性回归	Logistic回归
因变量是连续变量	因变量是分类变量
自变量与因变量呈线性关系	自变量与因变量呈非线性关系
因变量呈正态分布	因变量呈0/1分布
预测结果是连续型数值	预测结果是介于0和1之间的概率值

图 7-2　线性回归与 Logistic 回归的区别

小白：Mr. 林，在什么情况下，我们需要使用 Logistic 回归呢？

Mr. 林：根据不同行业或领域的特点，Logistic 回归就有不同的应用场景，如图 7-3 所示。

行业或领域	Logistic回归应用场景
营销活动	用户参与营销活动响应预测以及响应潜在影响因素识别
消费品行业	用户购买概率预测以及购买潜在影响因素识别
金融行业	用户的信用度预测以及信用潜在影响因素识别
电信行业	用户流失概率预测以及流失潜在影响因素识别
人力资源	员工流失概率预测以及流失潜在影响因素识别

图 7-3　Logistic 回归应用场景

小白：看来 Logistic 回归的应用真是广泛啊。那么这种分析方法的优缺点主要是什么呢？

Mr. 林：显而易见，Logistic 回归的一个最大优点就是通过简单的对数变换把非线性回归问题转换成我们熟悉的线性回归问题，掌握起来比较容易。但是，与之对应的缺点在于回归系数的解释不直观，需要先做转换才能解释。当然，如果只是研究自变量对因变量的影响程度，就可以直接对自变量之间的回归系数进行大小比较，不必再做转换了。

小白：明白了。

7.2　Logistic 回归实践

Mr. 林：现在就来学习在 SPSS 中如何进行 Logistic 回归分析，我们所用的案例数据为“华南区商户续约 .sav”数据文件，这份数据记录了公司的华南区各个商户的 ID、注册时长、营业收入、成本、续约 5 个字段，如图 7-4 所示。因变量为“续约”，变量值 1 表示续约，变量值 0 表示不续约；自变量为“注册时长”、“营业收入”和“成本”，都是连续变量。

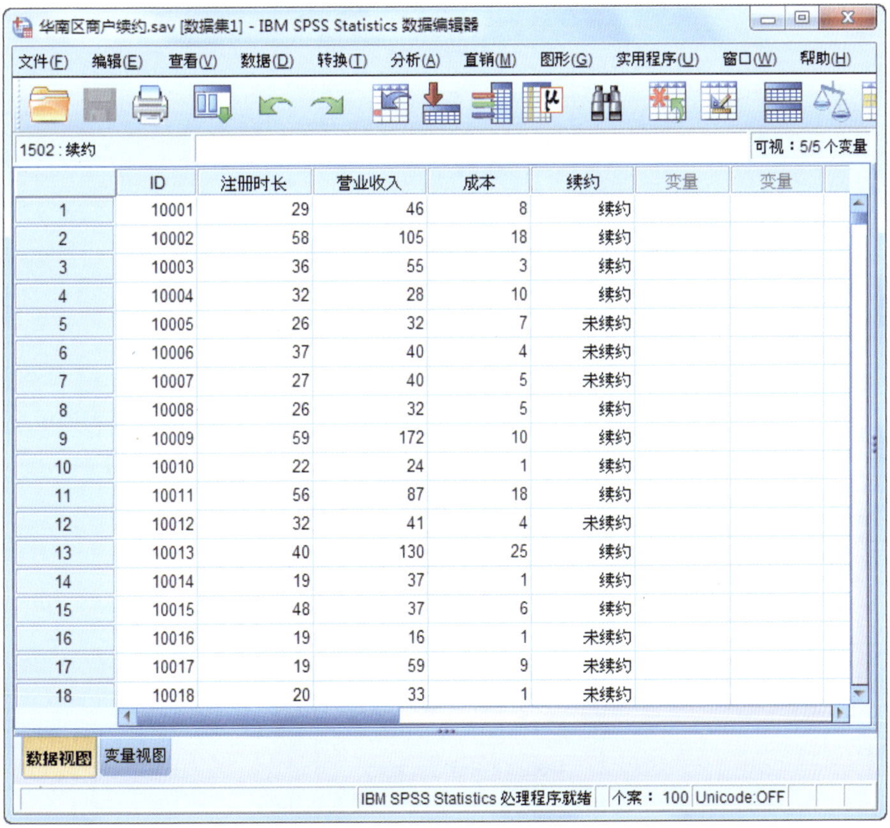

	ID	注册时长	营业收入	成本	续约	变量	变量
1	10001	29	46	8	续约		
2	10002	58	105	18	续约		
3	10003	36	55	3	续约		
4	10004	32	28	10	续约		
5	10005	26	32	7	未续约		
6	10006	37	40	4	未续约		
7	10007	27	40	5	未续约		
8	10008	26	32	5	续约		
9	10009	59	172	10	续约		
10	10010	22	24	1	续约		
11	10011	56	87	18	续约		
12	10012	32	41	4	未续约		
13	10013	40	130	25	续约		
14	10014	19	37	1	续约		
15	10015	48	37	6	续约		
16	10016	19	16	1	未续约		
17	10017	19	59	9	未续约		
18	10018	20	33	1	未续约		

图 7-4　华南区商户续约数据示例

这份数据可以用于研究商户是否与本公司续约合作的影响因素及影响程度，以及预测其他区域商户是否续约，为商务部门的后续工作计划提供依据。

7.2.1 Logistic 回归操作

STEP 01 在 SPSS 中打开"华南区商户续约.sav"数据文件,单击【分析】菜单,选择【回归】,此时右侧弹出子菜单,单击【二项 Logistic】,弹出【Logistic 回归】对话框。

STEP 02 在【Logistic 回归】对话框中,将"续约"变量移至【因变量】框中,将"注册时长"、"营业收入"和"成本"变量移至【协变量】框中,如图 7-5 所示。

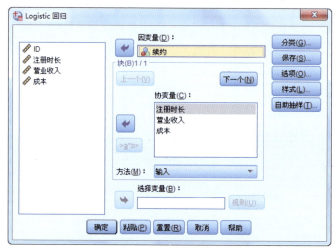

图 7-5 【Logistic 回归】对话框

STEP 03 单击【保存】按钮,在弹出的【Logistic 回归:保存】对话框中,勾选【预测值】下方的【概率】复选框,也就是需要计算出每个合作商户是否续约的概率预测值,如图 7-6 所示。单击【继续】按钮,返回【Logistic 回归】对话框。

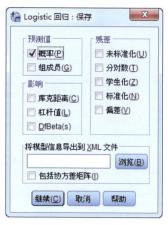

图 7-6 【Logistic 回归:保存】对话框

第 7 章 Logistic 回归

STEP 04 其他选项保持默认设置，单击【确定】按钮，SPSS 就开始运行 Logistic 回归分析，并在输出窗口中显示分析结果。

7.2.2 Logistic 回归结果解读

小白：输出了很多表格，哪些是我们需要关注的呢？

Mr. 林：不是所有表格都需要解读的，在这里我们只关注与模型相关的输出部分。

第一个输出结果是"个案处理摘要"和"因变量编码"，如图 7-7 所示。该结果显示了参与分析的数据量，以及因变量的编码取值和对应的标签，用于确认分析内容是否正确。从结果看，一共有 1500 个合作商户参与分析，所参与分析的变量没有缺失值，续约的编码为 1，未续约的编码为 0。

个案处理摘要

未加权个案数[a]		个案数	百分比
选定的个案	包括在分析中的个案数	1500	100.0
	缺失个案数	0	.0
	总计	1500	100.0
未选定的个案		0	.0
总计		1500	100.0

a. 如果权重处于生效状态，请参阅分类表以了解个案总数。

因变量编码

原值	内部值
未续约	0
续约	1

图 7-7 Logistic 回归输出结果（1）：个案处理摘要和因变量编码

第二个输出结果是"块 0：起始块"部分的三个表格，从这部分开始进行模型拟合。实际上，这三个表格我们可以忽略，不用关注，因为这个步骤拟合的模型只有常数项，不含任何自变量。

第三个输出结果是"块 1：方法 = 输入"部分的"模型系数的 Omnibus 检验"，如图 7-8 所示。该结果显示了新拟合的模型与上一个步骤拟合的模型（"块 0：起始块"拟合的模型）拟合结果相比，是否具有显著差异。很显然，最后一列的显著性（P 值）均为 0，小于 0.01，说明新拟合的包含三个自变量的模型结果与上一个步骤拟合的不包含自变量的模型结果之间具有极其显著的统计学差异。

模型系数的 Omnibus 检验			
	卡方	自由度	显著性
步骤 1　步骤	336.172	3	.000
块	336.172	3	.000
模型	336.172	3	.000

图 7-8　Logistic 回归输出结果（2）：模型系数的 Omnibus 检验

第四个输出结果是"模型摘要"，如图 7-9 所示。该结果展示了模型总体信息。其中，"-2 对数似然"可以理解为线性回归分析中的误差平方和，该数值越小，则模型效果相对越好。后面的两个 R 方结果也是借鉴了线性回归分析中的 R 方这一统计量，用以判别模型好坏，但是没有经验数值可以对比，仅做参考，或者在有多个 Logistic 回归模型的情况下，可根据其数值大小来判断模型的拟合效果。

模型摘要			
步骤	-2 对数似然	考克斯-斯奈尔 R 方	内戈尔科 R 方
1	1633.104[a]	.201	.275

a. 由于参数估算值的变化不足 .001，因此估算在第 5 次迭代时终止。

图 7-9　Logistic 回归输出结果（3）：模型摘要

第五个输出结果是"分类表"，如图 7-10 所示。实际上，这是判断模型预测结果的交叉表。本例中，对角线上的"300"和"797"分别表示"未续约"和"续约"的预测正确个数。右下角的 73.1 是正确百分比，说明通过 Logistic 回归分析能够有 73.1% 的准确性来判断是否续约的状态。

分类表[a]					
实测			预测		
			是否已经续约		正确百分比
			未续约	续约	
步骤 1	是否已经续约	未续约	300	248	54.7
		续约	155	797	83.7
	总体百分比				73.1

a. 分界值为 .500

图 7-10　Logistic 回归输出结果（4）：分类表

此外，我们还能够看到哪个状态的预测性更高，表中右侧"正确百分比"为 83.7 这一数字，表示对于续约的状态预测准确性更高，达到了 83.7%。

第六个输出结果是"方程中的变量"，如图 7-11 所示。该结果即为 Logistic

回归系数表，也是最重要的一个结果。表中第二列为对数变换之后的回归系数，其解释和多重回归系数相似，即在保持其他自变量不变的情况下，某一自变量变动一个单位对 logit(P) 相应产生的改变量。

与线性回归分析中 t 检验不同的是，Logistic 回归系数的检验统计量为瓦尔德（Wald），用来判断一个自变量是否应该包含在模型中，判断依据是考察第六列的显著性（P 值）是否小于临界值。本例中，常量与三个自变量的回归系数显著性（P 值）均为 0，小于 0.01，说明常量与三个回归系数均具有极其显著的统计学意义。

方程中的变量

		B	标准误差	瓦尔德	自由度	显著性	Exp(B)
步骤 1[a]	注册时长	.099	.008	141.813	1	.000	1.104
	营业收入	.014	.003	29.976	1	.000	1.014
	成本	-.184	.017	114.522	1	.000	.832
	常量	-2.287	.227	101.792	1	.000	.102

a. 在步骤 1 输入的变量：注册时长,营业收入,成本。

图 7-11　Logistic 回归输出结果（5）：方程中的变量

此时，我们就能够根据 Logistic 回归系数表，写出 Logistic 回归方程式：

$$\text{logit}(P) = -2.287 + 0.099 \times 注册时长 + 0.014 \times 营业收入 - 0.184 \times 成本$$

7.2.3　Logistic 回归预测

小白： 终于得到 Logistic 回归方程式了，但是如果要进行后续的预测，应该怎么办呢？

Mr. 林： 如果需要手工计算得到预测的概率值，还需要将上面的方程式进行转换，过程麻烦且转换后的方程式较为复杂，容易出错，建议直接交由 SPSS 计算预测值。

预测方法与线性回归预测一致，有两种方法：

（1）在原数据集中，输入相应的新增自变量值，对应的因变量留空，在操作的第三步【Logistic 回归：保存】对话框中勾选【预测值】下方的【概率】复选框，运行后，SPSS 就会自动算出预测概率值。

（2）将模型导出，在新数据集中采用【评分向导】功能导入模型，导入后即可查看建模方法、因变量、自变量等模型相关信息，然后根据【评分向导】对话框一步步操作即可完成对新数据集进行预测评分值计算。

小白： 没错，当时你还把第二种方法作为家庭作业留给我完成呢。

Mr. 林：那好，现在检查一下你的家庭作业完成情况，就用第二种方法来预测华北区商户是否续约。

小白：好嘞，没问题，我在刚才【Logistic 回归】对话框设置的基础上继续操作。

1. 生成模型

STEP 01 打开【Logistic 回归】对话框。

STEP 02 单击【保存】按钮，在弹出的【Logistic 回归：保存】对话框中，如图 7-6 所示，单击【将模型信息导出到 XML 文件】框中的【浏览】按钮，弹出【Logistic 回归：保存到文件】对话框，如图 7-12 所示。在【文件名】文本框中输入"商户续约预测模型"，单击【保存】按钮，返回【Logistic 回归：保存】对话框，如图 7-13 所示。

图 7-12　【Logistic 回归：保存到文件】对话框

STEP 03 单击【继续】按钮，返回【Logistic 回归】对话框。

STEP 04 单击【确定】按钮，SPSS 就开始运行 Logistic 回归分析，输出分析结果，同时在数据文件所在文件夹下生成一个"商户续约预测模型.xml"文件，这就是我们所建立的 Logistic 回归模型文件。

第 7 章　Logistic 回归

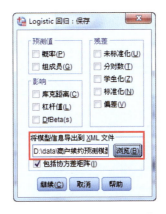

图 7-13　【Logistic 回归：保存】对话框

2. 应用模型预测

Mr. 林：做得不错，现在可以应用模型对华北区商户是否续约进行预测了。

小白：好嘞。

STEP 01 在 SPSS 中打开"华北区商户.sav"数据文件，单击【实用程序】菜单，选择【评分向导】，弹出【评分向导】第一步对话框，单击【浏览】按钮，弹出【进行浏览以查找评分模型】对话框，选中"商户续约预测模型.xml"文件，单击【选择】按钮，返回【评分向导】第一步对话框，如图 7-14 所示，【评分向导】第一步对话框右侧显示了模型详细信息，如模型方法、目标变量、预测变量等。

图 7-14　【评分向导】第一步对话框

131

STEP 02 单击【下一步】按钮，在【评分向导】第二步对话框中，确认新数据集字段与模型字段是否对应，如不对应，需手工进行设置，如图 7-15 所示。

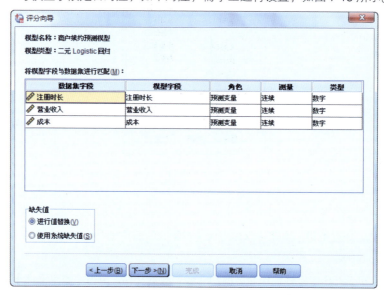

图 7-15　【评分向导】第二步对话框

STEP 03 单击【下一步】按钮，在【评分向导】第三步对话框中，勾选【预测值】复选框，如图 7-16 所示。

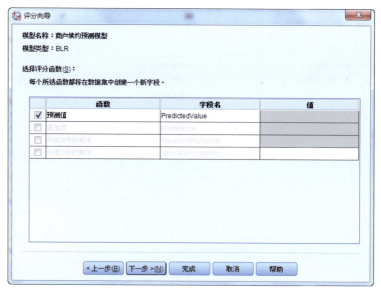

图 7-16　【评分向导】第三步对话框

STEP 04　单击【完成】按钮，即可在数据集中增加一列名为“PredictedValue”的预测值变量，变量值 1 表示续约，变量值 0 表示不续约，如图 7-17 所示。

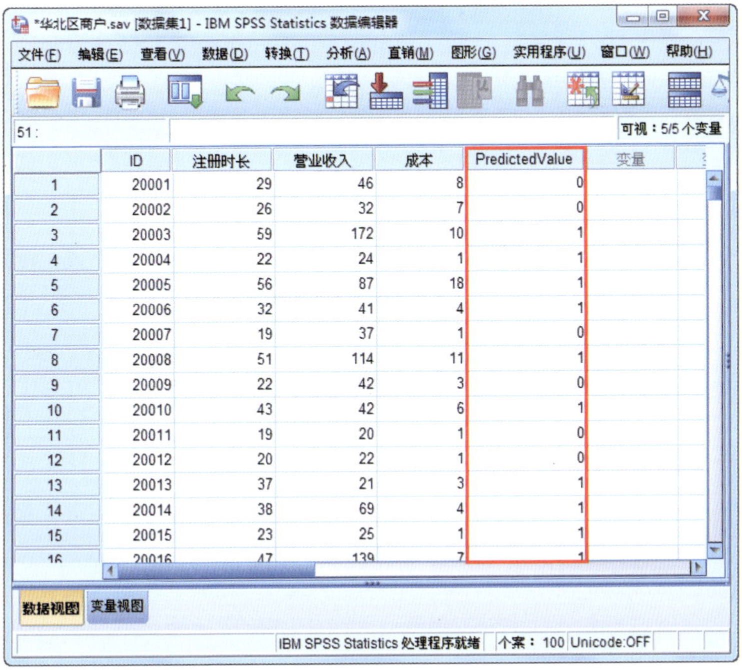

	ID	注册时长	营业收入	成本	PredictedValue	变量
1	20001	29	46	8	0	
2	20002	26	32	7	0	
3	20003	59	172	10	1	
4	20004	22	24	1	1	
5	20005	56	87	18	1	
6	20006	32	41	4	1	
7	20007	19	37	1	0	
8	20008	51	114	11	1	
9	20009	22	42	3	0	
10	20010	43	42	6	1	
11	20011	19	20	1	0	
12	20012	20	22	1	0	
13	20013	37	21	3	1	
14	20014	38	69	4	1	
15	20015	23	25	1	1	
16	20016	47	139	7	1	

图 7-17　华北区商户续约预测结果示例

Mr. 林：完成得不错，我们之前学习的线性回归模型，也可以使用【评分向导】功能实现准确而且高效的预测，抽空多动手练习吧。

小白：嗯，我会的。

7.3　本章小结

Mr. 林：Logistic 回归就学习到这里，我们一起再回顾一下所学内容：

★ 了解什么是 Logistic 回归；

★ 了解二分类 Logistic 回归的特点，以及其与线性回归的区别；

★ 了解二分类 Logistic 回归的应用场景；

★ 了解在 SPSS 中如何进行二分类 Logistic 回归；

★ 了解在 SPSS 中如何解读二分类 Logistic 回归分析结果；

★ 了解在 SPSS 中如何导出二分类 Logistic 回归模型及应用模型进行预测。

小白：谢谢 Mr. 林，今天学的内容很充实也很实用，牛董预测用户流失的需求我知道如何处理了，明天我再跟市场部同事沟通一下具体细节，明天见啦。

第8章

时间序列分析

第 8 章　时间序列分析

还没到下班时间，小白就匆忙来到 Mr. 林办公桌旁。

Mr. 林：今天怎么提早过来了？

小白：Mr. 林，今天下午市场部同事找到我咨询要如何进行销量预测的问题。我刚开始和他讲了之前学习的回归分析，但是同事说，需要进行预测的只有销量，没有其他变量。另外，市场部同事提供的历史销量具有明显的起伏，这样以前学习过的用 Excel 进行移动平均或指数平滑的方法也不适用。所以我就赶紧来向您求助了。

Mr. 林：原来是这么回事，别着急，我有法宝。

小白兴奋地说：我就知道什么都难不倒 Mr. 林，是什么法宝呀？

Mr. 林：时间序列分析法，今天就以市场部同事的需求为例来学习时间序列分析吧，顺便把你的工作也一起完成了。

小白：太好了！

8.1　时间序列分析简介

Mr. 林：那我们先来认识一下时间序列吧。

顾名思义，时间序列就是按时间顺序排列的一组数据序列。时间序列分析就是发现这组数据的变动规律并用于预测的统计技术。该技术有以下三个基本特点：

★ 假设事物发展趋势会延伸到未来；
★ 预测所依据的数据具有不规则性；
★ 不考虑事物发展之间的因果关系。

我们对时间序列进行分析的最终目的，是要通过分析序列进行合理预测，做到提前掌握其未来发展趋势，以此为业务决策提供依据，这也是决策科学化的前提。

小白：了解。

Mr. 林：小白，你还记得之前我们曾学习过的移动平均法和指数平滑法吗？

小白：当然记得。移动平均法是一种简单平滑预测技术，它的基本思想是：根据时间序列资料逐项推移，依次计算包含一定项数的序时平均值，以反映长期趋势。但这种方法不适合预测具有复杂趋势的时间序列。指数平滑法是移动平均法的改进方法，通过对历史数据的远近不同赋予不同的权重进行预测。但在实际应用中，指数平滑法的预测值通常会滞后于实际值，尤其是所预测的时间序列存在长期趋势时，这种滞后的情况更加明显。

Mr. 林：是的，在实际进行时间序列预测时，遇到的数据会比较复杂，所以我们需要用到更专业的预测方法来对数据进行合理预测。

小白：那么，时间序列都包含哪些因素呢？

Mr. 林：在通常情况下，一个时间序列可能包含四种因素，如图 8-1 所示。它们会通过不同的组合方式影响时间序列的发展变化。

因素	说明	示例
长期趋势 Trend (T)	指在一个相当长的时间内表现为一种近似直线的持续向上或向下或平稳的趋势	如：国内生产总值
季节变动 Season (S)	指受季节变动影响所形成的一种长度和幅度固定的短期周期波动。"季节"的周期不局限于自然季节，还包括月、周等短期周期	如：冷饮、羽绒服的销量，某写字楼人流量在一周之内的波动等
循环变动 Cyclic (C)	指一种较长时间的上下起伏周期性波动，通常来说，循环时间在2~15年	如：太阳黑子数量变化
不规则变动 Irregular (I)	指受偶然因素影响所形成的不规则波动，在时间序列中无法预计	如：股票市场因受到突然出现的利好或利空信息的影响使得股价产生的波动

图 8-1 时间序列的四种因素

小白：每个时间序列中都会包含这四种因素吗？

Mr. 林：不是的。并不是每个时间序列中都一定包含这四种因素，比如：以年为时间单位的数据就可能不包含季节变动因素，短期的时间序列也无法体现出循环变动的因素。因此，我们需要具体问题具体分析。

小白：明白了。那么，时间序列四种因素的组合方式一般是怎样的呢？

Mr. 林：对于一个时间序列来说，这四种因素通常有两种组合方式。

★ 四种因素相互独立，即时间序列是由四种因素直接叠加而形成的，可用加法模型表示：

$$Y = T + S + C + I$$

★ 四种因素相互影响，即时间序列是综合四种因素而形成的，可用乘法模型表示：

$$Y = T \times S \times C \times I$$

我们通常会遇到的时间序列都是基于乘法模型而存在的。其中，原始时间序列值和长期趋势可用绝对数表示，季节变动、循环变动和不规则变动则用相对数（通常是变动百分比）表示。

小白：原来是这样啊。

8.2 季节分解法

Mr. 林：没错。当我们需要对一个时间序列进行预测时，应该考虑先将上述四种

第 8 章　时间序列分析

因素从时间序列中分解出来。

小白：为什么要分解这四种因素呢？

Mr. 林：主要有以下原因：

★ 把因素从时间序列中分解出来后，就能够克服其他因素的影响，仅考量某一种因素对时间序列的影响；

★ 分解这四种因素后，也可以分析它们之间的相互作用，以及它们对时间序列的综合影响；

★ 当去掉某些因素后，就可以更好地进行时间序列之间的比较，从而更加客观地反映事物变化发展规律；

★ 分解这些因素后的序列可以用于建立回归模型，从而提高预测精度。

小白：那么，是所有的时间序列都需要分解这四种因素吗？

Mr. 林：在通常情况下，我们会考虑进行季节因素的分解，也就是将季节变动因素从原时间序列中去除，并生成由剩余的三种因素构成的序列来满足后续分析需求。

小白：哦？为什么只进行季节因素的分解呢？

Mr. 林：因为时间序列中的长期趋势反映了事物发展规律，是我们重点研究的对象；而循环变动由于其周期较长，也可以近似看作是长期趋势的反映；不规则变动由于不容易测量，通常也不单独分析；但是季节变动的存在有时会让预测模型误判其为不规则变动，从而降低模型的预测精度。所以，当一个时间序列具有季节变动特征时，在预测之前会先将它的季节因素进行分解。

小白：了解了，那如何进行季节因素的分解呢？

Mr. 林：别着急，我现在就教你如何在 SPSS 中进行季节因素的分解。

我们以公司某产品的销量数据作为示例进行介绍，该数据记录了公司产品在过去 12 年的月度销量数据，如图 8-2 所示。我们需要做的是将数据中的季节变动因素从中分解出来，并查看分解后的销量趋势。

（1）定义日期标示变量

时间序列的特点就是数据根据时间点的顺序进行排列，在进行分析之前，SPSS 需要先知道序列的时间定义，然后才能够分析其时间特征。因此，我们先生成日期标示变量，便于后续的分析。

小白：如果数据中已经有"日期"这个变量，我还需要重新定义日期标示变量吗？

Mr. 林：需要的，因为 SPSS 会通过内部变量名称自动识别时间特征，自己输入的日期在 SPSS 时间序列分析模块中是无法被识别的。

小白：那么，可以直接把"日期"变量的类型改为日期型吗？

Mr. 林：不建议贸然修改原始数据中的变量类型，因为这样有可能会造成数据的丢失。考虑到数据完整性，还是通过 SPSS 进行日期的定义为好。而且，定义日期标示变量的操作非常简单。

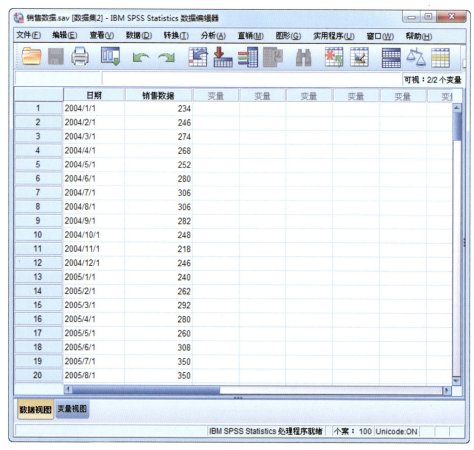

图 8-2　销量数据示例

STEP 01　打开"销售数据.sav"数据文件，单击【数据】，选择【定义日期和时间】，弹出【定义日期】对话框。

STEP 02　数据中的起始时间是 2004 年 1 月，每行数据表示月度销量，因此，需要从【定义日期】对话框的左侧【个案是】框中选择【年，月】项，在右侧的【年】框中输入"2004"，【月】框中输入"1"，表示第一个个案的起始年月是 2004 年 1 月。设置完成后，如图 8-3 所示，确认无误后，单击【确定】按钮。

此时，在 SPSS 数据文件中新生成三个变量，分别是"YEAR_"、"MONTH_"和"DATE_"，表示"年份"、"月份"和"年份 + 月份"，如图 8-4 所示。

第 8 章 时间序列分析

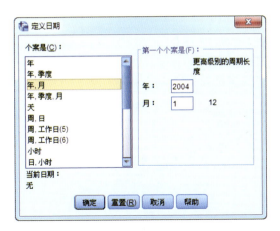

图 8-3 【定义日期】对话框

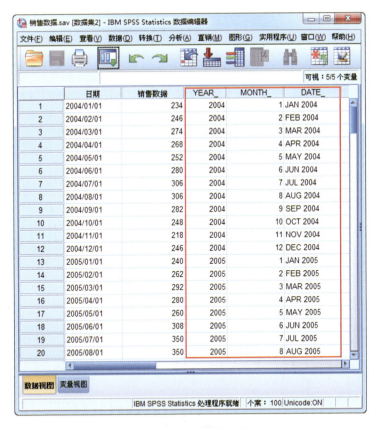

图 8-4 创建日期标示变量

（2）了解序列发展趋势

完成日期标示变量的定义后，我们需要先对时间序列的变化趋势有所了解，以便选择合适的模型。

STEP 01 单击【分析】菜单，选择【时间序列预测】，然后选择【序列图】，弹出【序列图】对话框，如图 8-5 所示。

图 8-5 【序列图】对话框

STEP 02 将"销售数据"变量移至【变量】框中，将"DATE_"变量移至【时间轴标签】框中，单击【确定】按钮，SPSS 就开始绘制销售数据序列图，如图 8-6 所示。

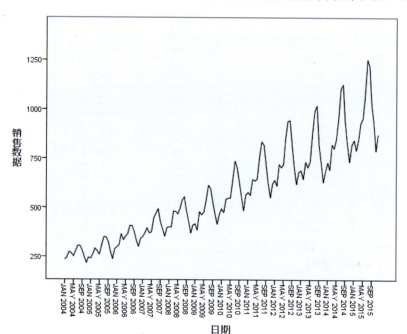

图 8-6 "销售数据"序列图

第 8 章　时间序列分析

小白：为什么我们要先绘制这样的一个序列图呢？

Mr. 林：这样的序列图一方面能够帮助我们了解数据的发展趋势；另一方面，也能够让我们根据序列图判断该时间序列属于加法模型还是乘法模型。

小白：哦？那要如何进行判断呢？

Mr. 林：通过序列图，我们能够发现时间序列的趋势：

★ 如果随着时间的推移，序列的季节波动变得越来越大，则建议使用乘法模型；

★ 如果序列的季节波动能够基本维持恒定，则建议使用加法模型。

小白：明白，从图 8-6 中我发现，随着时间的变化，销售数据的季节波动越来越大，那么采用乘法模型会更靠谱。

（3）进行季节因素分解

Mr. 林：是的，接下来，我们就开始进行季节因素分解。

STEP 01 单击【分析】，选择【时间序列预测】，然后选择【季节性分解】，弹出【季节性分解】对话框，如图 8-7 所示。

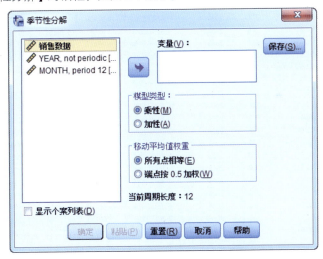

图 8-7　【季节性分解】对话框

STEP 02 将"销售数据"移至右侧的【变量】框中，根据刚才对序列模型的分析，此处【模型类型】选择【乘性】项，其他保持默认设置，确认无误后，单击【确定】按钮，此时会弹出一个提示框，说明在数据文件中会新增四个变量，再次单击【确定】按钮，SPSS 会进行时间序列的季节因素分解。

完成分解后的数据文件如图 8-8 所示，从中可以看到四个新增变量，它们分别表示的是：

★ 误差序列（变量前缀是"ERR"），这些值是从时间序列中移除季节变动、长期趋势和循环变动因素之后留下的序列。

- 季节因素校正后序列（变量前缀是"SAS"），这是移除原始序列中季节因素之后的校正序列。
- 季节因子（变量前缀是"SAF"），这是从序列中分解出的季节因素。其中的变量值根据季节周期的变动进行重复，并且与图8-9所示的SPSS输出窗口中的季节因子数值一样。本例中，季节周期为12个月，所以，这些季节因子每12个月重复一次。
- 长期趋势和循环变动序列（变量前缀是"STC"），这是原始序列中的长期趋势和循环变动因素构成的序列。

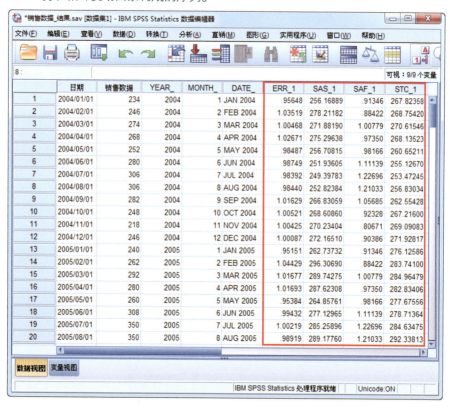

图8-8 季节因素分解之后的数据文件

小白：完成季节因素分解后的序列和原始序列之间的差异是什么呢？

Mr. 林：小白，你可以自己尝试通过绘制序列图的方法把原始序列和除季节因子以外的三个序列放到一起进行比较。

小白：好嘞。

说完，小白就手握鼠标开始操作起来，单击【分析】菜单，选择【时间序列预测】，然后选择【序列图】，在弹出的【序列图】对话框中，将"销售数据""ERR_1""SAS_1""STC_1"四个变量移至【变量】框中,将"DATE_"变量移至【时间轴标签】框中,单击【确定】按钮,得到如图8-10所示的结果。

季节因子

序列名称: 销售数据

周期	季节因子(%)
1	91.3
2	88.4
3	100.8
4	97.3
5	98.2
6	111.1
7	122.7
8	121.0
9	105.7
10	92.3
11	80.7
12	90.4

图 8-9 季节因子结果

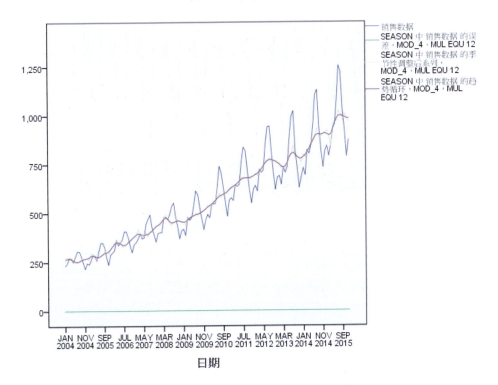

图 8-10 季节因素分解之后的序列比较结果

Mr. 林：非常好，从图 8-10 中可以看出，蓝色是原始序列，紫色是长期趋势和循环变动序列，浅棕色是季节因素校正后序列，这三个序列的发展趋势是一致的。另外，最下方的绿色是误差序列，由于其数值非常小，所以长期趋势和循环变动序列与季节因素校正后序列能够基本重合。

小白，现在再单独做一个季节因子"SAF_1"的序列图吧，这样就能直观地看到季节因素的变动趋势了。

小白：嗯。

说完，小白重复刚才的操作，在【序列图】的【变量】框中只放入"SAF_1"变量，绘制出如图 8-11 所示的季节因子趋势图。

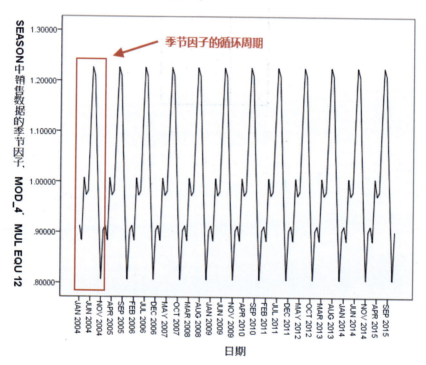

图 8-11　季节因子趋势图

Mr. 林：从图 8-11 中能清晰地看出，这个季节因素周期是 12 个月，从一开始先下降，然后上升到第一个顶点，再有略微的下降后，出现明显的上升趋势，到第七个月份时达到峰值，然后一路下跌，直到最后一个月份有所回升，之后进入第二个循环周期。

通过对原始序列的季节分解，我们能够更好地掌握原始序列所包含的时间特征，从而选用适当的模型进行预测。那么接下来，小白，你猜到我们要做什么了吧？

小白：当然啦，我们要开始进行预测了。

8.3 专家建模法

8.3.1 时间序列预测步骤

Mr. 林喝了一口水，说道：没错，时间序列预测本身相对比较复杂，但是 SPSS 提供的时间序列预测模块非常智能，它将复杂的参数设置进行了简化，并且能够自动对序列进行分析，输出预测模型的最佳参数，避免通过反复试验来修改优化拟合的模型，从而节省了很多时间。

小白：这么强大。那我们要怎样进行时间序列预测呢？

Mr. 林：时间序列的预测步骤主要分为四步，如图 8-12 所示。

图 8-12　时间序列预测步骤

小白：咦？里面有一个词叫"平稳性"，听起来很陌生，这是什么意思呢？

Mr. 林："平稳性"主要是指时间序列的所有统计性质都不会随着时间的推移而发生变化。对于一个平稳的时间序列来说，需要具有以下特征：

★ 均数和方差不随时间变化；

★ 自相关系数只与时间间隔有关，与所处的时间无关。

小白：又出现一个新名词——"自相关系数"。

Mr. 林：还记得之前讲过的"相关系数"吗？它是用来量化变量之间的相关程度的。那么"自相关系数"，研究的是一个序列中不同时期的相关系数，也就是对时间序列计算其当前期和不同滞后期的一系列相关系数。

小白：明白。那为什么要进行时间序列的平稳化呢？

Mr. 林：因为目前主流的时间序列预测方法都是针对平稳的时间序列进行分析的，但是实际上，我们遇到的大多数时间序列都不平稳，所以在分析时，首先需要识别序列的平稳性，并且把不平稳的序列转换为平稳序列。一个时间序列只有被平稳化处理过，才能被控制和预测！

小白：时间序列的平稳化方法都有哪些呢？

Mr. 林：将时间序列平稳化的方法有很多，这里只介绍一个基础方法——"差分"，因为这个方法有助于我们解读时间序列模型。

差分，就是指序列中前后相邻的两期数据之差，一般用"∇"表示。

那么，计算一次差分，其表达式为：

$$\nabla y_t = y_t - y_{t-1}$$

其中，y_t 是当前期的数值，y_{t-1} 是上一期的数值，∇y_t 即为一次差分，也称一阶差分。同理，二阶差分的表达式为：

$$\nabla^2 y_t = \nabla(\nabla y_t) = (y_t - y_{t-1}) - (y_{t-1} - y_{t-2})$$

小白，对于差分的概念，在刚开始接触时间序列预测的这个阶段有所了解就足够了，具体的平稳化操作过程会由专家建模法自动进行处理，所以我们在实际应用中，只需要能够根据模型结果读出序列经过几阶差分就可以了。

8.3.2 时间序列分析操作

小白：好的。刚才我已经用序列图绘制出销售数据的趋势了，序列的平稳性在专家建模法中也能自动进行处理。接下来，Mr. 林，我们是不是就要开始进行时间序列的建模分析了？

Mr. 林：是的，我们继续对"销售数据.sav"数据文件使用专家建模法进行分析和预测。

STEP 01 单击【分析】，选择【时间序列预测】，然后选择【创建传统模型】，弹出【时间序列建模器】对话框，如图 8-13 所示。

STEP 02 将"销售数据"移至【因变量】框中，然后确认中间的【方法】，在下拉列表中选择【专家建模器】项，单击右侧的【条件】按钮，弹出【时间序列建模器：专家建模器条件】对话框。

STEP 03 在【时间序列建模器：专家建模器条件】对话框的【模型】选项卡中，在【模型类型】框中选择【所有模型】项，并勾选【专家建模器考虑季节性模型】复选框，设置完成后，如图 8-14 所示，确认无误后，单击【继续】按钮。

STEP 04 在【时间序列建模器】对话框中，切换至【保存】选项卡，勾选【预测值】复选框，以保存生成的预测数据。单击【导出模型文件】框中【XML 文件】后面的【浏览】按钮，设置导出的模型文件名称及保存路径，设置完成后，如图 8-15 所示。确认无误后，单击【确定】按钮，SPSS 就开始使用专家建模法进行时间序列分析了。

第 8 章　时间序列分析

图 8-13　【时间序列建模器】对话框

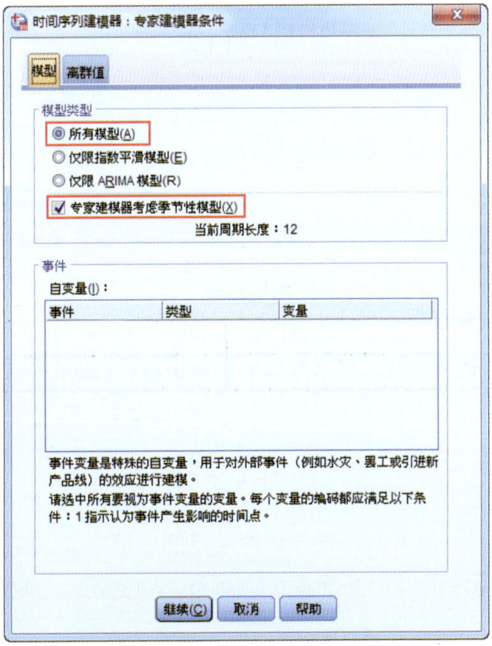

图 8-14　【时间序列建模器：专家建模器条件】对话框

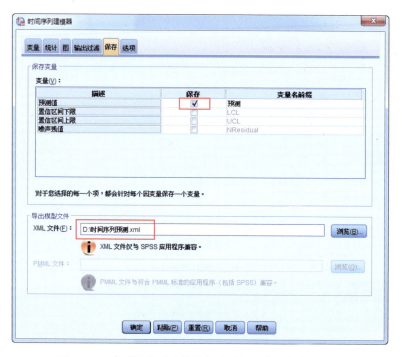

图 8-15 【时间序列建模器】对话框:【保存】选项卡

8.3.3 时间序列分析结果解读

小白:结果出来了,很简洁,不过,这些都是什么意思呢?

Mr. 林:慢慢来,我们逐一来解读这些结果。

第一个输出结果是"模型描述",如图8-16所示。该结果显示了经过分析得到的最优时间序列模型及其参数。本例中,最优时间序列模型为ARIMA(0,1,1)(0,1,1)。

		模型描述	
			模型类型
模型 ID	销售数据	模型_1	ARIMA(0,1,1)(0,1,1)

图 8-16 时间序列分析输出结果(1):模型描述

小白:这个模型是什么意思呢?

Mr. 林:ARIMA模型是时间序列分析中常用的一种模型,其全称为求和自回归移动平均模型(Auto Regression Integrated Moving Average)。该模型形式为:

$$ARIMA(p,d,q)(P,D,Q)$$

第8章 时间序列分析

该模型有6个参数,前3个参数(p, d, q)针对移除季节性变化后的序列,后3个参数(P, D, Q)主要用来描述季节性变化,两个序列是相乘的关系,因此,该模型也称为复合季节模型。

其中:

p,是指移除季节性变化后的序列所滞后的 p 期,通常取值为 0 或 1,大于 1 的情况较少;

d,是指移除季节性变化后的序列进行了 d 阶差分,通常取值为 0、1 或 2;

q,是指移除季节性变化后的序列进行了 q 次移动平均,通常取值为 0 或 1,很少会超过 2。

大写的 P, D, Q 的含义相同,只是应用在包含季节性变化的序列上。

本例中,该模型可解读为:对移除季节因素的序列和包含季节因素的序列分别进行一阶差分和一次移动平均,综合两个模型而构建出的时间序列模型。

第二个输出结果是"模型拟合度",如图 8-17 所示。该结果主要通过平稳 R^2 来评估模型拟合优度,它是将模型平稳部分与简单均值模型相比较的测量,取正值时表示模型优于简单均值模型,取负值时则相反。当时间序列含有趋势或季节因素时,平稳 R^2 统计量要优于普通 R^2 统计量。本例中,由于原始序列具有季节变动因素,所以,平稳 R^2 更具参考意义。本例中为 0.321,大于 0,模型效果还不错。

模型拟合度

拟合统计	平均值	标准误差	最小值	最大值	百分位数						
					5	10	25	50	75	90	95
平稳 R 方	.321	.	.321	.321	.321	.321	.321	.321	.321	.321	.321
R 方	.991	.	.991	.991	.991	.991	.991	.991	.991	.991	.991
RMSE	21.605	.	21.605	21.605	21.605	21.605	21.605	21.605	21.605	21.605	21.605
MAPE	2.867	.	2.867	2.867	2.867	2.867	2.867	2.867	2.867	2.867	2.867
MaxAPE	12.264	.	12.264	12.264	12.264	12.264	12.264	12.264	12.264	12.264	12.264
MAE	16.345	.	16.345	16.345	16.345	16.345	16.345	16.345	16.345	16.345	16.345
MaxAE	82.744	.	82.744	82.744	82.744	82.744	82.744	82.744	82.744	82.744	82.744
正态化 BIC	6.220	.	6.220	6.220	6.220	6.220	6.220	6.220	6.220	6.220	6.220

图 8-17 时间序列分析输出结果(2):模型拟合度

第三个输出结果是"模型统计",如图 8-18 所示。该结果提供了更多的统计量用以评估时间序列模型的数据拟合效果。

本例中,虽然平稳 R^2 值为 32.1%,但是"杨 - 博克斯 Q(18)"统计量的显著性(P 值)=0.706,大于 0.05〔此处的显著性(P 值)>0.05 是期望得到的结果〕,则接受原假设,认为这个序列的残差符合随机序列分布,同时也没有离群值的出现,这些也都反映出数据的拟合效果还是可以接受的。

第四个输出结果是"预测趋势图",显示了实际值和预测值的趋势,如图 8-19 所示。蓝色的序列是原始值,如果在之前的【时间序列建模器】中设置了要预测的时间,则该图会显示出预测值。本例中,由于没有设置要预测的时间,故不会出现未来的预测值。

模型统计

模型	预测变量数	模型拟合度统计 平稳 R 方	杨-博克斯 Q(18) 统计	DF	显著性	离群值数
销售数据-模型_1	0	.321	12.539	16	.706	0

图 8-18　时间序列分析输出结果（3）：模型统计

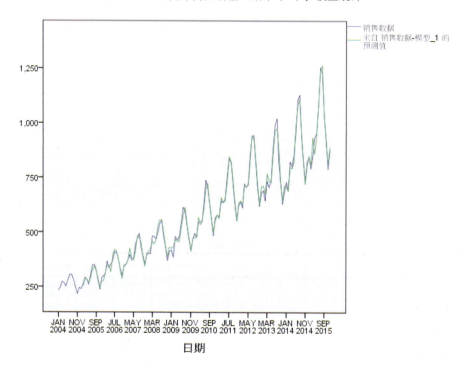

图 8-19　原始序列值及其预测值的序列图

返回到数据文件，可以看到最后一列生成了新变量"预测_销售数据_模型_1"，其变量值是根据得到的时间序列模型所估计出的预测值，可以通过绘制序列图的方法比较原始序列值及其预测值的差异，从图形化的结果中直观感受数据拟合效果。

本例中，通过图 8-19 所示的序列图可以发现，蓝色的原始序列值和绿色的预测值基本重合，直观判断该时间序列的拟合效果是可以接受的。

8.3.4　时间序列预测应用

小白：既然时间序列的效果可以接受，那么我们接下来就用这个模型预测后一年的销量吧。

第 8 章 时间序列分析

Mr. 林：好的，在 SPSS 中，实施预测的操作也很简单。

STEP 01 单击【分析】，选择【时间序列预测】，然后选择【应用传统模型】，弹出【应用时间序列模型】对话框。

STEP 02 在【应用时间序列模型】对话框中，单击【模型】选项卡中右侧的【浏览】按钮，浏览至刚才保存模型文件的文件夹下，选中模型文件后单击【打开】按钮，载入模型。

STEP 03 在【预测期】框中选择【评估期结束后的第一个个案到指定日期之间的个案】项，在【日期】下方的【年】和【月】对应的框中输入要预测的年份和最后一个月份，SPSS 会自动预测序列从原始数据末期的下一期开始到指定日期的所有数值。本例中，原始序列末期为 2015 年 12 月，要预测未来一年的销量，即到 2016 年 12 月，因此，在【年】框中输入"2016"，【月】框中输入"12"，设置完成后，如图 8-20 所示。

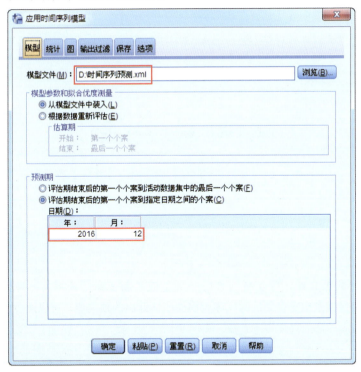

图 8-20 【应用时间序列模型】对话框：【模型】选项卡

STEP 04 切换至【保存】选项卡，勾选【预测值】复选框，以保存生成的预测数据，设置完成后，如图 8-21 所示。确认无误后，单击【确定】按钮，SPSS 就开始预测未来一年的销量了。

小白：预测的趋势出来了，如图 8-22 所示。该图显示了未来一年的销量预测走势，二月份的销量会下降，然后是逐渐上升，七月份达到销量顶峰，然后从八月份开始下滑，十一月份到谷底，最后年末有所上涨。

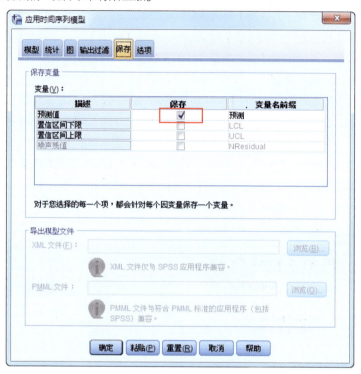

图 8-21 【应用时间序列模型】对话框：【保存】选项卡

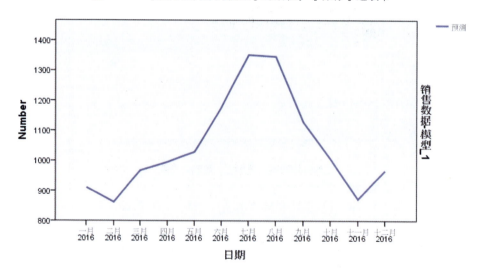

图 8-22 未来一年销量预测值序列图

Mr. 林： 解读得非常好，不过这里只显示了一年的走势，缺少全局观。现在，小白你知道该怎么做了吧？

小白： 我懂的，同时比较原始序列值和这一年的预测值，从全局的角度来观察预测趋势，我这就用【序列图】画出来，结果如图 8-23 所示。

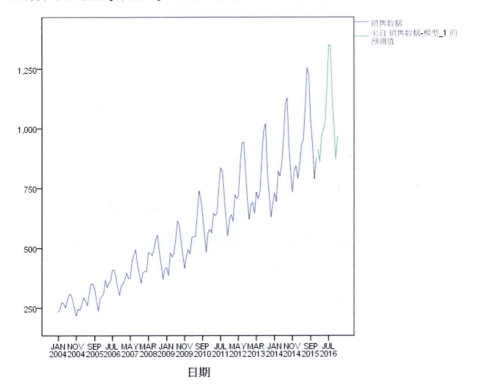

图 8-23　原始序列值和未来一年销量预测值序列图

Mr. 林： 没错，现在看得更加清晰了吧，销量整体趋势是上升的，三月份到五月份的销量波动较之前也平缓了，用这个变动趋势和市场部同事沟通，以便他们制定相应的销售策略。

小白： 好的。还有一个问题，就是具体的预测数值可以看到吗？

Mr. 林： 没问题。返回数据文件，可以看到最后一列生成的变量就是销量预测的具体数字，如图 8-24 所示。

小白： 明白。

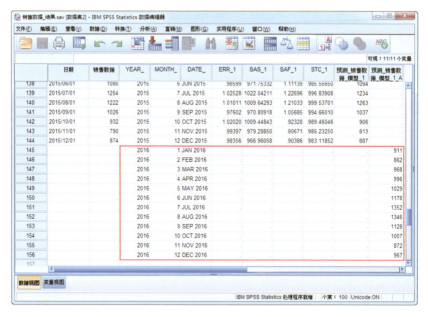

图 8-24 销量预测结果示例

8.4 本章小结

Mr. 林：时间序列分析预测的过程和方法有些复杂，现在，就让我们一起回顾一下所学内容吧：

★ 了解什么是时间序列以及包含的四种因素；

★ 了解 SPSS 中季节分解法的操作和输出解读；

★ 了解时间序列预测步骤；

★ 了解序列平稳化的相关概念；

★ 了解 SPSS 中时间序列分析的操作和结果解读；

★ 了解 SPSS 中时间序列预测的操作。

小白：辛苦您了，Mr. 林，非常感谢。

第 9 章

RFM 分析

今天还没到下班时间，小白就来到 Mr. 林办公桌前。

小白：Mr. 林，刚才市场部的同事给我提了一个需求，他们准备为公司现有的高价值客户制定相关的营销策略，所以需要我先从目前的客户中找到那些高价值客户。这可怎么办呢？

Mr. 林：放轻松，这个需求刚好有一个模型能够实现，叫 RFM 分析模型。它属于一种探索性数据分析方法。正好，之前介绍过的方法都是对数据的描述和推断分析，现在借着这个机会，一起来学习探索性数据分析方法。

小白：听起来很"高大上"啊，RFM，是个英文简称吧？探索性数据分析方法还包括哪些呢？

9.1 RFM 分析介绍

Mr. 林：在介绍 RFM 分析之前，我们先简单了解一下探索性分析。

所谓探索性分析，主要是运用一些分析方法从大量的数据中发现未知且有价值信息的过程。对于初步探索性分析而言，数据可视化是一个非常便捷、快速、有效的方法，你可以使用作图、制表等方法来发现数据的分布特征，紧接着，可以使用一些统计分析方法更深入地发现数据背后的信息。常用的探索性分析方法包括 RFM 分析、聚类分析、因子分析、对应分析等。

小白：那就先从 RFM 分析开始学起吧，先解决我的问题。

Mr. 林：好的。SPSS 提供了一个针对营销行为的分析模块，称为直销模块。我们要学习的 RFM 分析就在这个模块中。

小白：RFM 这三个字母分别有什么含义呢？

Mr. 林：RFM 的意思是这样的：

- ★ R：Recency ——客户最近一次交易时间的间隔。R 值越大，表示客户交易发生的日期越久；反之，表示客户交易发生的日期越近。
- ★ F：Frequency ——客户在最近一段时间内交易的次数。F 值越大，表示客户交易越频繁；反之，表示客户不够活跃。
- ★ M：Monetary ——客户在最近一段时间内交易的金额。M 值越大，表示客户价值越高；反之，表示客户价值越低。

RFM 分析，就是根据客户活跃程度和交易金额贡献进行客户价值细分的一种方法。

小白：这个 RFM 分析的原理和过程是不是很复杂呢？

Mr. 林：不复杂，你完全能 hold 住。我们先来看看 RFM 分析的原理，如图 9-1 所示。

RFM 分析的原理就是由 R、F 和 M 三个指标构成了一个三维立方图，在各自维度上又分别用高和低两个分类将立方图剖开，这样，根据不同的分类组合就形成了八种

第 9 章　RFM 分析

客户类型，如图 9-1 所示。由于立方体的表现形式在阅读方面不太直观，所以，将其整理到一个二维表中，表中的高值表示大于或等于对应指标的平均值，低值表示小于对应指标的平均值。

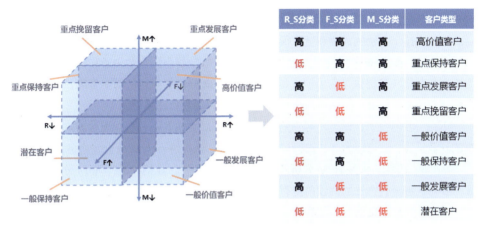

图 9-1　RFM 分析原理

小白：确实，通过 RFM 分析来判断客户类型非常直观、有效，能够很快地找出我们所关注的那些客户。那么，RFM 分析的过程又是怎样的呢？

Mr. 林：RFM 分析的过程如图 9-2 所示。

图 9-2　RFM 分析过程

其中：

★ R_S：基于最近一次交易日期计算得分，距离当前日期越近，则得分会越高。例如，发生交易的日期距当前日期最近的客户将给予 5 分。

★ F_S：基于交易频率计算得分，交易频率越高，则得分会越高。例如，最常发生交易的客户将给予 5 分。

★ M_S：基于交易金额计算得分，交易金额越高，则得分会越高。例如，交易金额最大的客户将给予 5 分。

Mr. 林：三个得分都计算出来之后，可以根据下面的计算方法得到 RFM 总分值：

$$RFM = 100 \times R\_S + 10 \times F\_S + 1 \times M\_S$$

根据上面的计算方法，RFM 最小值为 111，最大值为 555。在通常情况下，我们会根据得分定义客户类型，当然还要综合考虑实际情况，这在后面的应用中会详细说明。

小白：这个方法的原理和过程很简单、易懂，但是它的主要作用是什么呢？

Mr. 林：通过 RFM 分析识别优质客户，就可以定制个性化的沟通和营销服务，也为更多的营销决策提供了有力的支持。另外，RFM 分析结果也能够衡量客户价值和客户利润创收能力，被广泛地应用于众多行业的客户关系管理当中。

小白：我明白了，通过对客户的行为进行 RFM 分析，不仅可以衡量客户给企业带来的利润价值，还可以为客户进行"私人订制"。这样讲，RFM 分析好处多多嘛。

Mr. 林：没错，但是 RFM 分析还有特定的假设条件，我们在进行 RFM 分析之前，还需要对这种分析方法的假设前提有所了解。

★ 最近有过交易行为的客户再次发生交易的可能性要高于最近没有交易行为的客户；

★ 交易频率较高的客户比交易频率较低的客户更有可能再次发生交易；

★ 过去所有交易总金额较多的客户比交易总金额较少的客户更有消费积极性。

小白：好的，了解了，那快点让我来见识一下在 SPSS 中进行 RFM 分析吧。

9.2　RFM 分析操作

9.2.1　数据准备

Mr. 林：好的，我已经从数据库中选取了一段时期内的客户交易记录，包括订单 ID、客户 ID、交易日期和交易金额。

小白：只有这几个变量吗？

Mr. 林：是的。RFM 分析接收的数据格式有两种：

★ 交易数据：每次交易占用一行，关键变量是客户 ID、交易日期和交易金额。

★ 客户数据：每个客户占用一行，关键变量是客户 ID、交易总金额、交易总次数和最近交易日期。

小白：这两种数据格式有什么区别吗？

Mr. 林：为了保证数据的精确性，建议采用交易数据格式进行分析。实际上，交易数据可以整理为客户数据，而客户数据无法还原为交易数据。因此，从使用的自由程度来看，采用交易数据格式要优于客户数据格式。

小白：明白了，目前就是交易数据格式吧。

9.2.2　RFM 分析实践

Mr. 林：没错，现在就用交易数据来学习 RFM 分析，在 SPSS 中的操作过程如下：

STEP 01　在 SPSS 中打开“客户交易数据 .sav”数据文件，如图 9-3 所示。

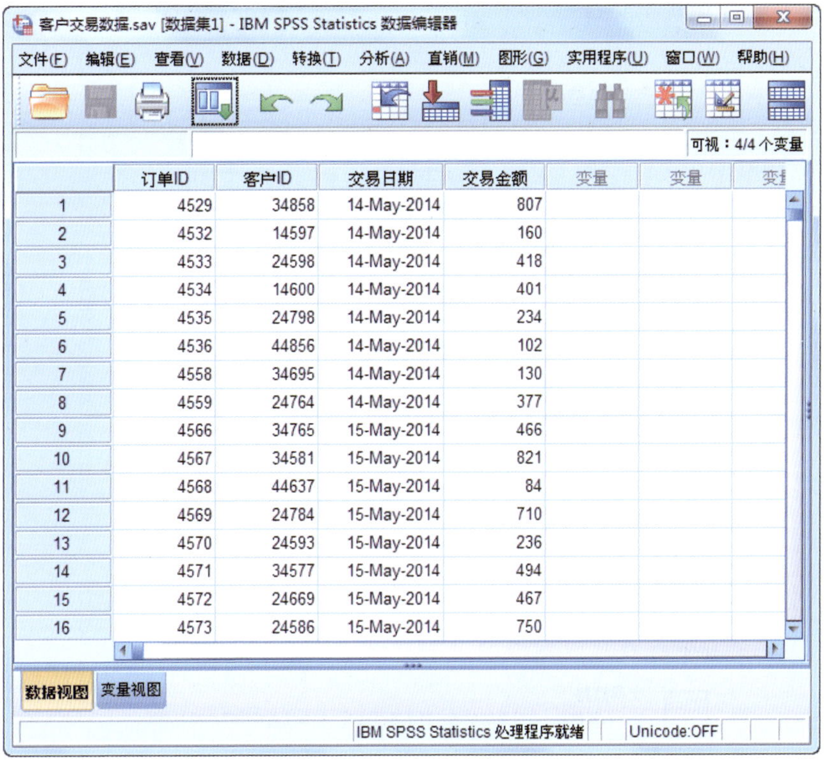

	订单ID	客户ID	交易日期	交易金额	变量	变量
1	4529	34858	14-May-2014	807		
2	4532	14597	14-May-2014	160		
3	4533	24598	14-May-2014	418		
4	4534	14600	14-May-2014	401		
5	4535	24798	14-May-2014	234		
6	4536	44856	14-May-2014	102		
7	4558	34695	14-May-2014	130		
8	4559	24764	14-May-2014	377		
9	4566	34765	15-May-2014	466		
10	4567	34581	15-May-2014	821		
11	4568	44637	15-May-2014	84		
12	4569	24784	15-May-2014	710		
13	4570	24593	15-May-2014	236		
14	4571	34577	15-May-2014	494		
15	4572	24669	15-May-2014	467		
16	4573	24586	15-May-2014	750		

图 9–3　客户交易数据示例

STEP 02　单击【直销】菜单，选择【选择技术】菜单，则弹出【直销】对话框，如图 9-4 所示。

STEP 03　在【直销】对话框中，单击【了解我的联系人】下方的第一个方框【帮助确定我的最佳联系人(RFM 分析)】，然后单击【继续】按钮，弹出【RFM 分析：数据格式】对话框。

STEP 04　在【RFM 分析：数据格式】对话框中，如图 9-5 所示，单击【交易数据】前面的按钮，以确保后续对话框适用于交易数据格式，然后单击【继续】按钮，弹出【交易数据 RFM 分析】对话框。

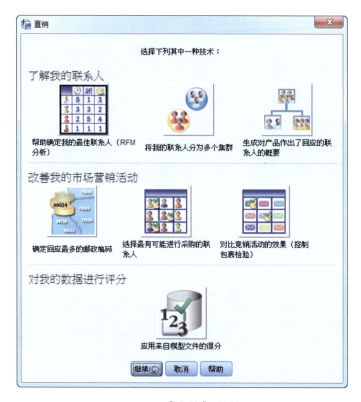

图 9-4 【直销】对话框

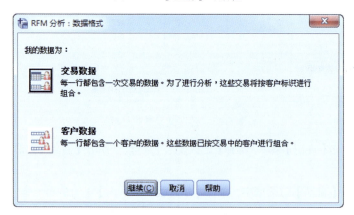

图 9-5 【RFM 分析：数据格式】对话框

STEP 05　在【交易数据 RFM 分析】对话框的【变量】选项卡中，将"交易日期"移至【交易日期】框中，将"交易金额"移至【交易金额】框中，将"客户 ID"移至【客户标识】框中，如图 9-6 所示。

第 9 章　RFM 分析

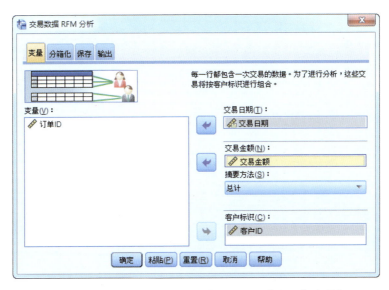

图 9-6　【交易数据 RFM 分析】对话框：【变量】选项卡

STEP 06　切换至【输出】选项卡，为了能全面地解读 RFM 分析结果，此处勾选全部选项，如图 9-7 所示，单击【确定】按钮，即可运行 RFM 分析。

图 9-7　【交易数据 RFM 分析】对话框：【输出】选项卡

SPSS 完成 RFM 分析后，会生成一个新的数据文件，用来记录每个客户最近的一次交易日期、交易总次数、交易总金额，R_S、F_S、M_S 各项分值以及 RFM 汇总分值，如图 9-8 所示，可以将它保存为名为"RFM 分析结果 .sav"的数据文件。

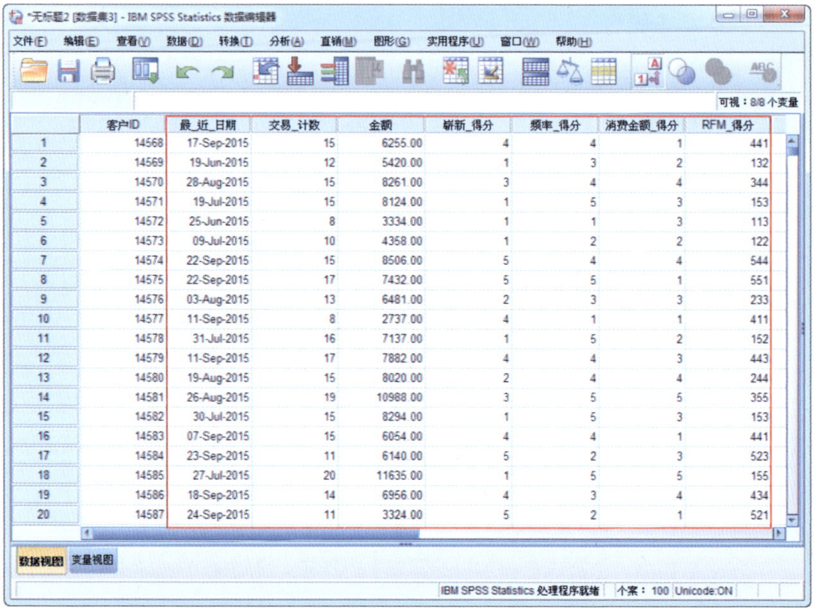

	客户ID	最_近_日期	交易_计数	金额	崭新_得分	频率_得分	消费金额_得分	RFM_得分
1	14568	17-Sep-2015	15	6255.00	4	4	1	441
2	14569	19-Jun-2015	12	5420.00	1	3	2	132
3	14570	28-Aug-2015	15	8261.00	3	4	4	344
4	14571	19-Jul-2015	15	8124.00	1	5	3	153
5	14572	25-Jun-2015	8	3334.00	1	1	3	113
6	14573	09-Jul-2015	10	4358.00	1	2	2	122
7	14574	22-Sep-2015	15	8506.00	5	4	4	544
8	14575	22-Sep-2015	17	7432.00	5	5	1	551
9	14576	03-Aug-2015	13	6481.00	2	3	3	233
10	14577	11-Sep-2015	8	2737.00	4	1	1	411
11	14578	31-Jul-2015	16	7137.00	1	5	2	152
12	14579	11-Sep-2015	17	7882.00	4	4	3	443
13	14580	19-Aug-2015	15	8020.00	2	4	4	244
14	14581	26-Aug-2015	19	10988.00	3	5	5	355
15	14582	30-Jul-2015	15	8294.00	1	5	3	153
16	14583	07-Sep-2015	15	6054.00	4	4	1	441
17	14584	23-Sep-2015	11	6140.00	5	2	3	523
18	14585	27-Jul-2015	20	11635.00	1	5	5	155
19	14586	18-Sep-2015	14	6956.00	4	3	4	434
20	14587	24-Sep-2015	11	3324.00	5	2	1	521

图 9-8　RFM 分析结果：数据输出

切换至【变量视图】，即可看到每个变量所代表的含义，如图 9-9 所示。

变量名称	变量标签
客户ID	客户标识
最_近_日期	最后一次交易日期
交易_计数	交易总次数
金额	交易总金额
崭新_得分	R_S：最后一次交易的时间间隔得分
频率_得分	F_S：交易总次数得分
消费金额_得分	M_S：交易总金额得分
RFM_得分	RFM 得分

图 9-9　RFM 分析结果：变量解释

小白好奇地问：为什么 SPSS 给出的是最近的一次交易日期，而不是做交易时间间隔的计算处理?

Mr. 林：不错嘛，这都被你发现了，SPSS 是为了让大家更好地理解，所以就直接采用最近的一次交易日期来处理，但经过计算的 R_S 分值还是吻合的，注意区别就可以了。

第 9 章 RFM 分析

9.2.3 RFM 分析结果解读

Mr. 林： 生成的数据文件稍后会用到，首先我们来看 RFM 分析的输出结果。在 SPSS 的输出结果中虽然会提供文字解释，但是在理解上会有些难度。现在，我们就来对这些输出结果逐一进行解释。

第一个输出结果是"RFM 分箱计数"图，如图 9-10 所示。它用来查看每个 RFM 汇总得分的客户数量分布是否均匀，从结果来看，每个单元格内的客户数量分布比较均匀。

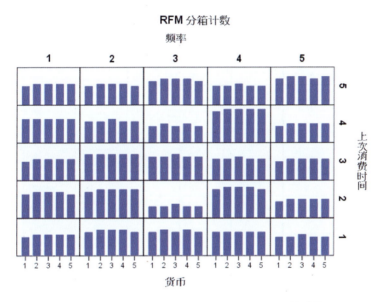

图 9-10 RFM 分析输出结果（1）：RFM 分箱计数

第二个输出结果是"个案处理摘要"，如图 9-11 所示。该结果显示了客户总数以及缺失值信息。本例中，一共对 1200 个客户进行了分析，数据完整，没有存在缺失值。

个案处理摘要

	个案					
	有效		缺失		总计	
	N	百分比	N	百分比	N	百分比
频率得分 * 货币得分 * 上次消费时间得分	1200	100.0%	0	0.0%	1200	100.0%

图 9-11 RFM 分析输出结果（2）：个案处理摘要

第三个输出结果是"RFM交叉表"，如图9-12所示。该结果是将图9-10所示的"RFM分箱计数"图用交叉表的形式展现出来。

频率得分 * 货币得分 * 上次消费时间得分 交叉表

计数

上次消费时间得分			货币得分 1	2	3	4	5	总计
1	频率得分	1	8	9	9	9	9	44
		2	10	11	11	11	10	53
		3	10	11	10	11	10	52
		4	10	10	10	10	10	50
		5	8	8	9	8	8	41
	总计		46	49	49	49	47	240
2	频率得分	1	10	11	11	11	10	53
		2	11	12	12	12	12	59
		3	5	5	6	5	5	26
		4	12	13	13	13	12	63
		5	7	8	8	8	8	39
	总计		45	49	50	49	47	240
3	频率得分	1	8	9	9	9	9	44
		2	11	11	11	11	11	55
		3	10	10	11	10	10	51
		4	9	9	10	9	9	46
		5	8	9	9	9	9	44
	总计		46	48	50	48	48	240
4	频率得分	1	10	10	10	10	10	50
		2	9	9	10	9	9	46
		3	7	8	7	8	7	37
		4	13	14	14	14	14	69
		5	7	8	8	8	8	39
	总计		46	49	49	49	48	241
5	频率得分	1	8	9	9	9	9	44
		2	8	9	9	9	8	43
		3	10	11	11	11	10	53
		4	8	8	9	8	8	41
		5	11	12	12	11	12	58
	总计		45	49	50	48	47	239
总计	频率得分	1	44	48	48	48	47	235
		2	49	52	53	52	50	256
		3	42	45	45	45	42	219
		4	52	54	56	54	53	269
		5	41	45	46	44	45	221
	总计		228	244	248	243	237	1200

图 9-12 RFM 分析输出结果（3）：RFM 交叉表

第四个输出结果是 "RFM 热图"，如图 9-13 所示。它是交易金额均值在 R_S 和 F_S 绘制的矩阵图上的图形化表示，用颜色深浅表示交易金额均值的大小，颜色越深，

第 9 章　RFM 分析

说明在相应矩阵块内的客户交易金额均值越高。本例中,可以发现,随着 R_S 和 F_S 的分值越大,颜色越深,即右侧的颜色比左侧深,说明客户最近一次交易时间间隔越近,交易次数越多,其平均交易金额越高。

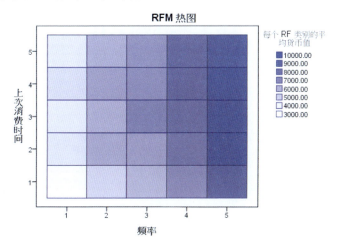

图 9-13　RFM 分析输出结果(4):RFM 热图

第五个输出结果是"RFM 直方图",如图 9-14 所示。它显示了最近一次交易时间、交易总次数和交易金额的频率分布,以此判断各自的客户人群分布情况,横轴的排列顺序为较小的值在左边,较大的值在右边。本例中,大部分客户在最近时间进行过交易,交易总次数和交易金额也大致呈正态分布。

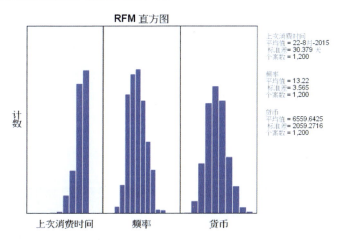

图 9-14　RFM 分析输出结果(5):RFM 直方图

最后一个输出结果是最近一次交易时间、交易总次数和交易金额之间的散点图,如图 9-15 所示。通过散点图可以清晰、直观地看到三个分析指标两两之间的关系,便于进行指标相关性评估。本例中，交易总次数和交易金额存在较为明显的线性关系，而最近一次交易时间和另外两个分析指标之间的相关性则较弱。

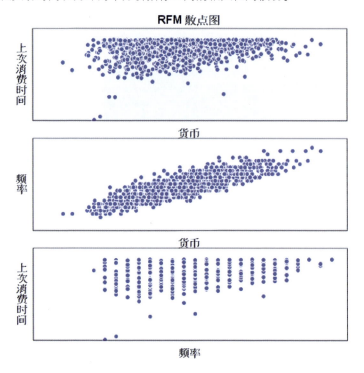

图 9-15　RFM 分析输出结果（6）：散点图

小白：看了这么多 RFM 分析的输出结果，我的理解是它们能够让我对目前的客户 RFM 得分情况有所了解，但是这个结果能帮助我识别客户价值吗？

Mr. 林：当然可以。一个分析结果的好坏会直接影响到后续的应用效果，我们只有确保目前的分析结果正确、可读，才能够继续应用它。

9.3　RFM 分析应用

Mr. 林：现在我来教你如何应用 RFM 分析结果，打开刚才保存的"RFM 分析结果 .sav"数据文件，其中每个客户都有各自的 R_S、F_S、M_S 各项分值以及 RFM 汇总得分，基于这个文件我们为客户分组。小白，这里用到的都是之前学过的内容，你可以通过操作来复习一遍。

小白：好的。

第9章 RFM 分析

通过 RFM 得分为客户分组的操作过程如下：

STEP 01 计算 R_S、F_S、M_S 各变量的均值。单击【分析】菜单，选择【描述统计】，从弹出的菜单中选择【描述】，弹出【描述】对话框，将"崭新_得分"（R_S）、"频率_得分"（F_S）和"消费金额_得分"（M_S）移至【变量】框中，如图 9-16 所示。确认无误后，单击【确定】按钮，输出结果如图 9-17 所示。

图 9-16 【描述】对话框

描述统计

	个案数	最小值	最大值	平均值	标准差
上次消费时间得分	1200	1	5	3.00	1.414
频率得分	1200	1	5	2.99	1.400
货币得分	1200	1	5	3.01	1.399
有效个案数（成列）	1200				

图 9-17 RFM 各指标描述统计结果

STEP 02 每个客户的 R_S、F_S、M_S 各个数值与对应的均值比较，小于均值，则定义为"低"；大于或等于均值，则定义为"高"。

（1）单击【转换】菜单，选择【重新编码为不同变量】，弹出相应的对话框，将"崭新_得分"（R_S）移至【数字变量 -> 输出变量】框中，在右侧【输出变量】下的【名称】框中输入"R_S分类"，单击【变化量】按钮，如图 9-18 所示。

（2）单击【旧值和新值】按钮，弹出【重新编码为不同变量：旧值和新值】对话框，在【旧值】一侧选择【范围，从值到最高】项，在下面的框中输入图 9-17 中"上次消费时间得分"的平均值"3.00"。在【新值】的【值】框中输入"2"，表示"高"，单击下方的【添加】按钮，即完成定义如果 R_S≥3.00，新变量"R_S分类"=2。

167

图 9-18 【重新编码为不同变量】对话框

（3）在【旧值】一侧选择【所有其他值】项，在【新值】的【值】框中输入"1"，表示"低"，单击下方的【添加】按钮，即完成定义如果 R_S<3.00，新变量"R_S分类"=1。设置完成后，如图 9-19 所示。确认无误后，单击【继续】按钮，返回主对话框，并单击【确定】按钮，执行重新编码操作。

图 9-19 【重新编码为不同变量：旧值和新值】对话框

（4）重复（1）~（3）的操作，分别重新编码"频率_得分"（F_S）和"消费金额_得分"（M_S）为"F_S分类"和"M_S分类"，其平均值分别是"2.99"和"3.01"。

STEP 03 R_S分类、F_S分类、M_S分类各变量均有"高"和"低"两个组别，组合在一起，将客户分成八类。可根据图 9-20 所示的客户分类表生成新变量。

（1）单击【转换】菜单，选择【计算变量】，弹出【计算变量】对话框，在【目标变量】下的方框中输入"客户分类"，在右侧【数字表达式】下的方框中输入"1"，先生成"客户分类=1"的数据。

第 9 章　RFM 分析

R_S分类编码	F_S分类编码	M_S分类编码	客户类型编码	客户类型
2	2	2	1	高价值客户
1	2	2	2	重点保持客户
2	1	2	3	重点发展客户
1	1	2	4	重点挽留客户
2	2	1	5	一般价值客户
1	2	1	6	一般保持客户
2	1	1	7	一般发展客户
1	1	1	8	潜在客户

1=低；2=高

图 9-20　客户分类表

（2）单击左下方的【如果】，弹出【计算变量：If 个案】对话框，选择【在个案满足条件时包括】项。

（3）在右侧的表达式框中输入"R_S分类＝2＆F_S分类＝2＆M_S分类＝2"，即图 9-20 中"高价值客户"的三个指标的分类定义，输入完成后如图 9-21 所示，表达式中的"&"符号等同于 and，为逻辑运算中"与""且"的意思，并非 Excel 中的连接符号。确认无误后，单击【继续】按钮，返回主对话框，单击【确定】按钮，即满足条件的个案，其"客户分类"的变量值为 1。

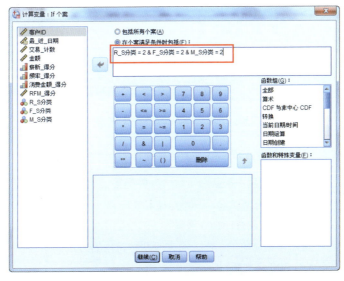

图 9-21　【计算变量：If 个案】对话框

（4）重复（1）～（3）的操作，根据图9-20所示客户分类表中的"客户类型编码"值及对应的"R_S分类编码""F_S分类编码""M_S分类编码"，依次修改【计算变量】对话框中【数字表达式】的输入值及对应的【计算变量: If个案】对话框中输入的表达式，完成其他七个分类的定义。例如，生成"客户分类=2"的数据，即"重点保持客户"，其对应的表达式为："R_S分类=1&F_S分类=2&M_S分类=2"。

（5）单击【数据】菜单，选择【定义变量属性】，弹出【定义变量属性】对话框，从【变量】框中找到生成的"客户分类"这个变量，将其移至【要扫描的变量】框中，单击【继续】按钮。

（6）在右侧的【标签】列下方，根据图9-20所示客户分类表中的客户类型编码数值，依次输入与之对应的"客户类型"文字标签，完成后如图9-22所示。确认无误后，单击【确定】按钮。

图9-22　【定义变量属性】对话框

完成后，在数据中每个客户都新增了一个分类标签，如图9-23所示。

STEP 04　得到分类后，综合考虑客户分类结果和实际情况，找到重点营销对象。

小白：判断重点营销对象有什么方法吗？

Mr.林：对于重点营销对象的判断，通常有两种常用的方法：

★　根据RFM ≥ 500来判断；

★　根据"高价值客户"分类来判断。

第 9 章　RFM 分析

这两种方法主要是基于不同的营销策略来判断目标客户的，可以根据实际业务情况灵活应用，择其一或二者结合均可。

图 9-23　客户分类结果

9.4　本章小结

Mr. 林：虽然今天只学习了一个分析，但我们还是要回顾一下所学内容：

★ 了解什么是 RFM 分析；
★ 了解 RFM 分析的原理和假设；
★ 了解在 SPSS 中如何进行 RFM 分析；
★ 了解 RFM 分析的输出结果和解读；
★ 了解 RFM 分析的应用。

小白：谢谢 Mr. 林，这个方法很实用，我先跟市场部沟通一下，看他们需要如何选择目标客户，然后根据他们的需求用 RFM 分析对客户进行细分，并提供结果让他们来制定营销策略。

第 10 章

聚类分析

第 10 章 聚类分析

小白昨天学习了探索性分析的第一招，今天一下班又迫不及待地来到 Mr. 林的办公桌旁。

小白：Mr. 林，昨天回家复习 RFM 分析时，我发现，这个分析只能从客户的行为角度出发，这样对客户进行分类是不是考虑的范围有点小？

Mr. 林：小白，看来你复习得很认真。的确，如果只从某一个方面对客户进行分类，所包含的信息量确实有些少。一般来说，对人群进行分类时，要综合考虑其行为、态度、模式以及相关背景属性，通过使用特定的方法，发现隐藏在这些信息背后的特征，将其分成几个类别，每一类具有一定的共性，进而做出进一步的探索研究。这个分类的过程，就是今天你要学习的分析方法——聚类分析。

小白：哇，这个方法听起来比 RFM 分析更"高大上"。

Mr. 林：呵呵，不能这样说，每个方法都有特定的应用情况，比如，RFM 分析经常会用在客户关系管理领域，而今天要学习的分类方法所涉及的领域更广泛。方法不分高低，选择最适合的方法来有效解决问题才是最关键的。

小白：哈哈，没错，这也是 Mr. 林您一直以来都在强调的。

Mr. 林：是的。

10.1 聚类分析介绍

Mr. 林：所谓聚类分析，就是按照个体的特征将它们分类，目的在于让同一个类别内的个体之间具有较高的相似度，而不同类别之间具有较大的差异性。这样，研究人员就能够根据不同类别的特征有的放矢地进行分析，并制定出适用于不同类别的解决方案。

我们也可以对变量进行聚类，但是更常见的还是对个体进行聚类，也就是样本聚类。例如对用户、渠道、商品、员工等方面的聚类，聚类分析主要应用在市场细分、用户细分等领域。

小白：那么聚类分析是如何将个体划分成不同的类别的呢？

Mr. 林：为了合理地进行聚类，需要采用适当的指标来衡量研究对象之间的联系紧密程度，常用的指标有"距离"和"相似系数"，相似系数一般指的是相关系数。假设将研究对象采用点表示，聚类分析时，将"距离"较小的点或"相似系数"较大的点归为同一类，将"距离"较大的点或"相似系数"较小的点归为不同的类！

小白：好的。那聚类分析有什么特别之处吗？

Mr. 林：它的特点主要体现在：

★ 对于聚类结果是未知的，不同的聚类分析方法可能得到不同的分类结果，或者相同的聚类分析方法所分析的变量不同，也会得到不同的聚类结果；

★ 对于聚类结果的合理性判断比较主观，只要类别内相似性和类别间差异性都能得到合理的解释和判断，就认为聚类结果是可行的。但是这样可能会忽略一些小众群体的存在，或许那刚好是开拓新业务的一个商机。

因此，得到聚类结果后，还必须结合行业特点和实际业务发展情况，对结果进行综合分析和有前瞻性的解读。

小白：了解。聚类分析一般在什么情况下应用呢？

Mr. 林：聚类分析在不同领域都有所应用，如图 10-1 所示，列举了一些典型的应用场景。

领域	应用场景
零售研究	刻画不同的用户或消费者生活形态以及行为特征
互联网	通过用户浏览、消费行为进行聚类，研究总结用户特征
金融研究	根据用户金融行为和资产状况对用户分类
城市规划	根据区域特征对城市分类
生物研究	根据生物特征探索发现生物的分类
……	……

图 10-1 聚类分析应用场景

小白：那么，如何进行聚类分析呢？先做什么，再做什么，最后做什么？它的步骤是什么呢？

Mr. 林：聚类分析总结起来有四步，如图 10-2 所示。

图 10-2 聚类分析步骤

小白：第二步为什么要对数据进行标准化处理呢？

第 10 章 聚类分析

Mr. 林：因为有时各个变量间的变量值的数量级别差异较大或者单位不一致，例如一个变量的单位是元，另一个变量的单位是百分比，数量级别差异较大，而且单位也不一致，无法直接进行比较或者计算"距离"和"相似系数"等指标。只有通过标准化处理，消除变量间量纲关系的影响，在同一标准下才能够进行比较或者计算"距离"和"相似系数"等指标。

小白：还有一个问题，就是在第三步中提到的聚类方法，都有哪些呢？

Mr. 林：这个问题非常好，常用的聚类方法主要包括：

★ 快速聚类（K-Means Cluster）：也称 K 均值聚类，它是按照一定的方法选取一批聚类中心点，让个案向最近的聚类中心点聚集形成初始分类，然后按照最近距离原则调整不合理的分类，直到分类合理为止。

★ 系统聚类（Hierarchical Cluster）：也称层次聚类，首先将参与聚类的个案（或变量）各视为一类，然后根据两个类别之间的距离或者相似性逐步合并，直到所有个案（或变量）合并为一个大类为止。

★ 二阶聚类（TwoStep Cluster）：也称两步聚类，它是随着人工智能的发展而发展起来的一种智能聚类方法。整个聚类过程分成两个步骤，第一个步骤是预聚类，就是根据定义的最大类别数对个案进行初步归类；第二个步骤是正式聚类，就是对第一步中得到的初步归类进行再聚类并确定最终聚类结果，并且在这一步中，会根据一定的统计标准确定聚类的类别数。

接下来，我们学习这三种常用的聚类分析方法在 SPSS 中是如何实现的。

小白：好的。

10.2 快速聚类分析

10.2.1 快速聚类分析操作

Mr. 林：我们所用的案例数据是某公司员工相关信息及其绩效评估得分，该得分由三个指标组成，分别是沟通能力、业务能力和领导能力，如图 10-3 所示。通过对这三个指标的聚类分析，将员工进行分类，从而对他们的发展方向进行合理的规划。

在快速聚类中，使用绩效评估得分的三个变量进行分析，由于绩效评估得分的单位及量级相当，所以采用原始数值进行聚类分析，无须进行数据标准化处理。如果变量间存在单位或量级的差异，就需要先对数据进行标准化处理。

STEP 01 在SPSS中打开"员工绩效评估.sav"数据文件，单击【分析】菜单，选择【分类】，单击【K-均值聚类】，弹出【K均值聚类分析】对话框，如图 10-4 所示。

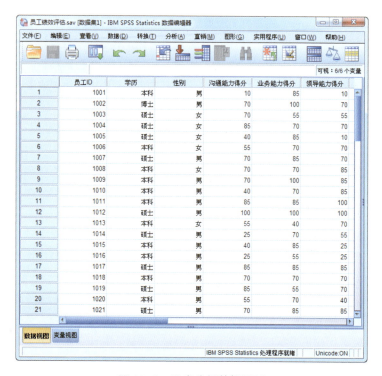

图 10-3 聚类分析数据示例

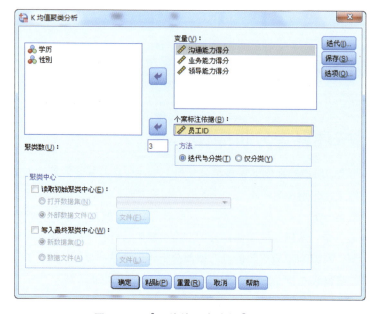

图 10-4 【K 均值聚类分析】对话框

第 10 章 聚类分析

STEP 02 将"沟通能力得分"、"业务能力得分"和"领导能力得分"这三个变量移至【变量】框中,将"员工 ID"移至【个案标注依据】框中,如图 10-4 所示。

STEP 03 在【聚类数】中可输入期望的分类数。本例中,预计将员工分为 3 组,因此,输入"3"。

小白:我要如何判断输入的分类数呢?

Mr. 林:这就涉及对结果产出的一个预期了,根据行业特点或者对研究事物的判断,会有一个预期的分类数,待结果产出后可以再做分析与修正。

小白:明白。

Mr. 林:我们继续操作。

STEP 04 单击【保存】按钮,弹出【K-均值聚类:保存新变量】对话框,勾选【聚类成员】复选框,用以保存聚类的分组,如图 10-5 所示。单击【继续】按钮,返回【K 均值聚类分析】对话框。

图 10-5 【K-均值聚类:保存新变量】对话框

STEP 05 其他选项保持默认设置,单击【确定】按钮,SPSS 开始运行快速聚类分析。

10.2.2 快速聚类分析结果解读

Mr. 林:我们逐一来解读快速聚类输出的结果吧。

第一个输出结果是"初始聚类中心",如图 10-6 所示。该初始聚类中心是随机选择 3 个数据,作为快速聚类的初始位置的。

本例中,分别选择了员工 ID 为"1001"、"1012"和"1042"三人作为快速聚类的初始位置。

小白不解地问道:在输出结果中,怎么看不到员工 ID 为"1001"、"1012"和"1042"的相关信息啊?

Mr. 林:SPSS 在这点上确实不够人性化,这是我根据原数据集记录核对后找出的员工 ID,是为了让你更清晰地了解它的计算原理,一般情况下无须找出对应的 ID。

第二个输出结果是"迭代历史记录",如图 10-7 所示。该结果显示了本次快速聚类分析一共迭代的次数。迭代的过程可以理解为每个类别与初始位置之间的距离改变情况,当这个距离变动非常小的时候,迭代就完成了。本例中,一共进行了 4 次迭代,初始位置之间的最小距离为 82.158。

初始聚类中心

	聚类		
	1	2	3
沟通能力得分	10	100	25
业务能力得分	85	100	55
领导能力得分	10	100	85

图 10-6　快速聚类分析输出结果（1）：初始聚类中心

迭代历史记录[a]

迭代	聚类中心中的变动		
	1	2	3
1	39.074	34.015	31.347
2	4.910	2.276	.842
3	4.939	1.577	2.469
4	.000	.000	.000

a. 由于聚类中心中不存在变动或者仅有小幅变动，因此实现了收敛。任何中心的最大绝对坐标变动为 .000。当前迭代为 4。初始中心之间的最小距离为 82.158。

图 10-7　快速聚类分析输出结果（2）：迭代历史记录

第三个输出结果是"最终聚类中心"，如图 10-8 所示。该最终聚类中心和初始聚类中心相比，在数值上发生了变化，说明通过迭代的计算过程，每个类别的位置都发生了偏移。

最终聚类中心

	聚类		
	1	2	3
沟通能力得分	30	74	48
业务能力得分	54	87	55
领导能力得分	23	76	61

图 10-8　快速聚类分析输出结果（3）：最终聚类中心

第四个输出结果是"每个聚类中的个案数目"，如图 10-9 所示。该结果显示了每个类别中所包含的数据量。本例中，类别 1 中包含了 12 名员工，类别 2 中包含了 28 名员工，类别 3 中包含了 19 名员工。

每个聚类中的个案数目

聚类	1	12.000
	2	28.000
	3	19.000
有效		59.000
缺失		.000

图 10-9　快速聚类分析输出结果（4）：每个聚类中的个案数目

小白： 果然是快速聚类，简单、便捷。既然现在得到分类结果了，那么接下来我们要做什么呢？

Mr. 林： 在快速聚类完成后，数据文件中也新生成了一个名为“QCL_1”的变量，如图 10-10 所示，其中变量值表示每个个案所属的类别。接下来，我们就应该将这个分类结果和参与聚类分析的变量制作交叉表，计算各个类别员工在沟通、业务、领导三方面能力的平均值，以便了解每一类别员工的特征。

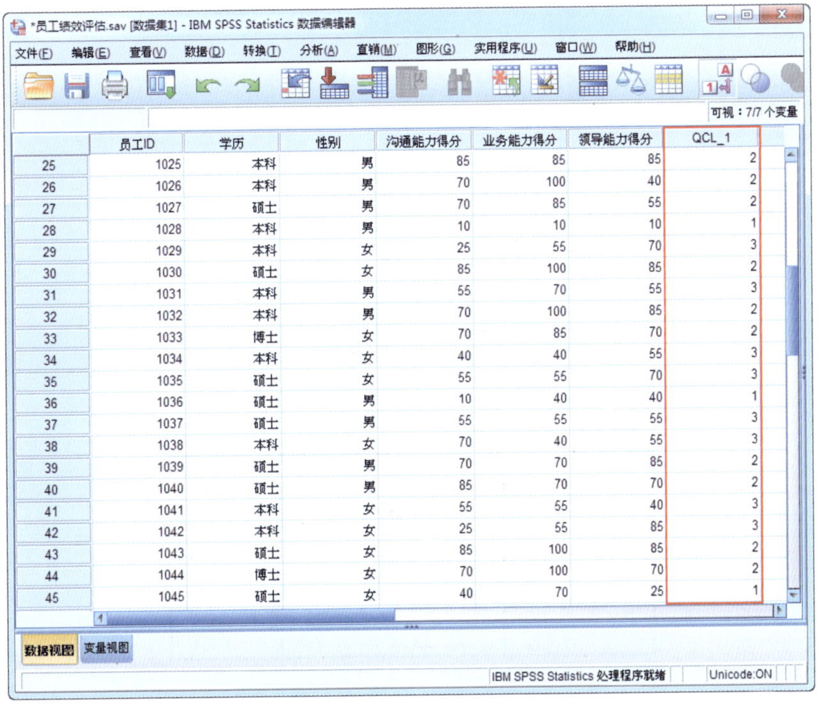

	员工ID	学历	性别	沟通能力得分	业务能力得分	领导能力得分	QCL_1
25	1025	本科	男	85	85	85	2
26	1026	本科	男	70	100	40	2
27	1027	硕士	男	70	85	55	2
28	1028	本科	男	10	10	10	1
29	1029	本科	女	25	55	70	3
30	1030	硕士	女	85	100	85	2
31	1031	本科	男	55	70	55	3
32	1032	本科	男	70	100	85	2
33	1033	博士	女	70	85	70	2
34	1034	本科	女	40	40	55	3
35	1035	硕士	女	55	55	70	3
36	1036	硕士	男	10	40	40	1
37	1037	硕士	男	55	55	55	3
38	1038	本科	女	70	40	55	3
39	1039	硕士	男	70	70	85	2
40	1040	硕士	男	85	70	70	2
41	1041	本科	女	55	55	40	3
42	1042	本科	女	25	55	85	3
43	1043	硕士	女	85	100	85	2
44	1044	博士	女	70	100	70	2
45	1045	硕士	女	40	70	25	1

图 10-10　生成分类变量的数据文件

小白： 那这个操作由我来完成吧。

说完，小白就手握鼠标开始操作起来，单击【分析】菜单，选择【定制表】，从弹出的菜单中选择【定制表】，在弹出的【定制表】对话框中，将“QCL_1”拖动到右侧的【列】区域上，将“沟通能力得分”、“业务能力得分”和“领导能力得分”这三个变量拖动到右侧的【行】区域上，【摘要统计】中的汇总方式采用默认的平均值，如图 10-11 所示。单击【确定】按钮，即可生成交叉表，如图 10-12 所示。

图 10-11 【定制表】对话框

	个案聚类编号		
	1	2	3
	平均值	平均值	平均值
沟通能力得分	30	74	48
业务能力得分	54	87	55
领导能力得分	23	76	61

图 10-12 快速聚类结果交叉表

Mr. 林：从交叉表可知：

★ 类别 1 的员工在各绩效评估指标的平均得分都较低，可以认为是"工作表现较弱"的组别；

★ 类别 2 的员工在各绩效评估指标的平均得分是最高的，可以认为是"工作表现较强"的组别；

★ 类别 3 的员工在各绩效评估指标的平均得分处于中间水平，则认为是"工作表现中等"的组别。

接下来，就可以根据这三个类别的情况，有针对性地制定员工未来的工作发展方向和相应的激励政策。

第 10 章 聚类分析

10.3 系统聚类分析

10.3.1 系统聚类分析操作

Mr. 林：刚才学习了快速聚类分析，接下来，我们继续学习第二个常用的聚类分析方法——系统聚类分析。

小白：这个分析方法与快速聚类分析相比，有哪些不同呢？

Mr. 林：等会用 SPSS 操作你就知道了，现在我们继续使用"员工绩效评估.sav"这个数据文件来进行系统聚类分析操作。

STEP 01 单击【分析】菜单，选择【分类】，单击【系统聚类】，弹出【系统聚类分析】对话框，如图 10-13 所示。

图 10-13 【系统聚类分析】对话框

STEP 02 将"沟通能力得分"、"业务能力得分"和"领导能力得分"这三个变量移至【变量】框中。

STEP 03 单击【统计】按钮，弹出【系统聚类分析：统计】对话框，如图 10-14 所示。

Mr. 林：小白，这里就是系统聚类分析和快速聚类分析的第一个不同之处。

这里可以设置所要生成类别的个数，与快速聚类不同的是，系统聚类分析不仅支持输入单个分类数量，还支持输入分类数量的范围。这个选项对于暂时无法确定类别数，或者想进行多类别数的结果比较时，非常方便。

本例中，我们设置输出 3~4 个类别，因此，选择【聚类成员】下方的【解的范围】项，在【最小聚类数】框中输入"3"，在【最大聚类数】框中输入"4"，设置完成后，如图 10-14 所示。确认无误后，单击【继续】按钮，返回主对话框。

STEP 04 单击【图】按钮，弹出【系统聚类分析：图】对话框，勾选【谱系图】复选框，在【冰柱图】下方选择【无】项，设置完成后，如图 10-15 所示。确认无误后，单击【继续】按钮，返回主对话框。

图 10-14 【系统聚类分析：统计】对话框　　图 10-15 【系统聚类分析：图】对话框

Mr. 林：这里就是系统聚类分析和快速聚类分析的第二个不同之处。

系统聚类分析支持生成聚类结果图，从而更加直观地查看聚类过程。系统聚类分析支持两种图形：

★ 谱系图：也称树状图，它以树状的形式展现个案被分类的过程；

★ 冰柱图：它以"X"的形式显示全部类别或指定类别数的分类过程。

在实际应用中，两种图形择其一输出即可，但是从应用范围和可读性角度来说，谱系图更为直观。

STEP 05　单击【方法】按钮，弹出【系统聚类分析：方法】对话框，如图 10-16 所示。

Mr. 林：这里是系统聚类分析和快速聚类分析的第三个不同之处。

系统聚类分析提供了多种聚类方法和适用于不同数据类型的测量方法。

对于聚类方法，比较常用的是【组间联接】和【瓦尔德法】，本例中采用 SPSS 默认的【组间联接】方法。

小白：那么【测量】就是针对不同数据类型要选用不同的测量方法吗？

Mr. 林：没错，你可以这样理解和应用它们：

★ 区间：适用于连续变量，虽然 SPSS 提供了 8 种测量方法，但是通常选用默认的【平方欧式距离】即可。

★ 计数：适用于连续或分类变量，SPSS 提供了 2 种测量方法，通常选用【卡方测量】即可。

★ 二元：适用于 0/1 分类变量，SPSS 提供了多达 27 种测量方法，通常选用【平方欧式距离】即可。

小白：之前提到要对参与聚类分析的数据进行标准化处理，在这里，【转换值】就是用来自动进行标准化处理的吧？

第 10 章 聚类分析

Mr. 林：非常正确，SPSS 提供了多种标准化方法，一般采用【Z 得分】。

本例中，由于参与聚类分析的变量是连续变量，所以，【测量】应选择【区间】项，方法为默认的【平方欧式距离】，标准化可以选择【Z 得分】，下面应选择【按变量】项，用以每个变量单独进行标准化。设置完成后，如图 10-16 所示。确认无误后，单击【继续】按钮，返回主对话框。

图 10-16 【系统聚类分析：方法】对话框

STEP 06 单击【保存】按钮，弹出【系统聚类分析：保存】对话框，用于保存分类结果。本例中，由于在之前设置输出 3 和 4 个类别，所以，此处选择【聚类成员】下方的【解的范围】项，在【最小聚类数】框中输入"3"，在【最大聚类数】框中输入"4"，设置完成后，如图 10-17 所示。确认无误后，单击【继续】按钮，返回主对话框。

STEP 07 至此，全部设置完成，主对话框设置如图 10-18 所示，单击【确定】按钮，SPSS 开始运行系统聚类分析。

图 10-17 【系统聚类分析：保存】对话框　　图 10-18 【系统聚类分析】对话框（设置完成）

10.3.2 系统聚类分析结果解读

小白看到刚输出的结果：哇，系统聚类分析的输出结果有很多。

Mr. 林：实际上，系统聚类分析结果展现了每个个案的聚类过程和分类结果，现在我们就来看看这些输出结果吧。

第一个输出结果是"个案处理摘要"，如图 10-19 所示。该结果主要提供了数据量、缺失值信息和测量方法。本例中，该表显示了数据量为 59，无缺失个案，采用的测量方法为"平方欧式距离"。

个案处理摘要ª

个案					
有效		缺失		总计	
个案数	百分比	个案数	百分比	个案数	百分比
59	100.0%	0	0.0%	59	100.0%

a. 平方欧氏距离 使用中

图 10-19 系统聚类分析输出结果（1）：个案处理摘要

第二个输出结果是"集中计划"，也就是聚类过程，如图 10-20 所示。该结果提供了系统聚类分析的详细步骤。本例中，可以看出，第一步聚类是编号为 20 和 59 的个案合并，第二步聚类是编号为 25 和 54 的个案合并，依此类推。在实际应用中，这个过程表格并不需要关注，因为后续的图形能够直观地展示这一聚类过程。

集中计划

阶段	组合聚类		系数	首次出现聚类的阶段		下一个阶段
	聚类1	聚类2		聚类1	聚类2	
1	20	59	.000	0	0	20
2	25	54	.000	0	0	15
3	18	53	.000	0	0	22
4	46	51	.000	0	0	41
5	13	50	.000	0	0	28
6	35	49	.000	0	0	28
7	34	47	.000	0	0	29
8	2	44	.000	0	0	25
9	30	43	.000	0	0	14
10	4	40	.000	0	0	16
11	8	39	.000	0	0	22
12	7	33	.000	0	0	21
13	9	32	.000	0	0	25
14	24	30	.000	0	9	30
15	17	25	.000	0	2	23
16	4	56	.393	10	0	31
17	48	52	.393	0	0	35
18	29	42	.393	0	0	44
19	37	41	.393	0	0	33
20	20	31	.393	1	0	33
21	7	27	.393	12	0	39
22	8	18	.393	11	3	36
23	11	17	.393	0	15	30
24	5	15	.393	0	0	32
25	2	9	.393	8	13	34
26	16	57	.417	0	0	37
27	3	38	.417	0	0	43
28	13	35	.417	5	6	43
29	34	58	.426	7	0	50
30	11	24	.516	23	14	42
31	4	19	.548	16	0	40
32	5	45	.614	24	0	51
33	20	37	.614	20	19	48
34	2	21	.614	25	0	39
35	48	55	.623	17	0	53
36	6	8	.623	0	22	40
37	16	23	.635	26	0	41
38	22	26	.810	0	0	53
39	2	7	.858	34	21	46
40	4	6	.963	31	36	49
41	16	46	.977	37	4	45
42	11	12	1.001	30	0	46
43	3	13	1.028	27	28	48
44	10	29	1.040	0	18	47
45	16	36	1.325	41	0	50
46	2	11	1.433	39	42	49
47	10	14	1.600	44	0	52
48	3	20	1.664	43	33	52
49	2	4	1.975	46	40	55
50	16	34	2.011	45	29	54
51	1	5	2.105	0	32	57
52	3	10	3.215	48	47	56
53	22	48	3.518	38	35	55
54	16	28	4.000	50	0	56
55	2	22	4.167	49	53	56
56	3	16	4.961	52	54	58
57	1	16	5.794	51	0	58
58	1	2	10.340	57	56	0

图 10-20 系统聚类分析输出结果（2）：集中计划

第三个输出结果是“聚类成员”，是将所有个案对应的分类在结果中进行展示。实际上，这一结果已经显示在数据文件中，用“CLU3_1”和“CLU4_1”两个变量表示，如图 10-21 所示。其中，“CLU”是系统聚类的分类结果变量的前缀，后面的数字为类别数，下画线后面的数字为系统聚类分析结果保存的次数。

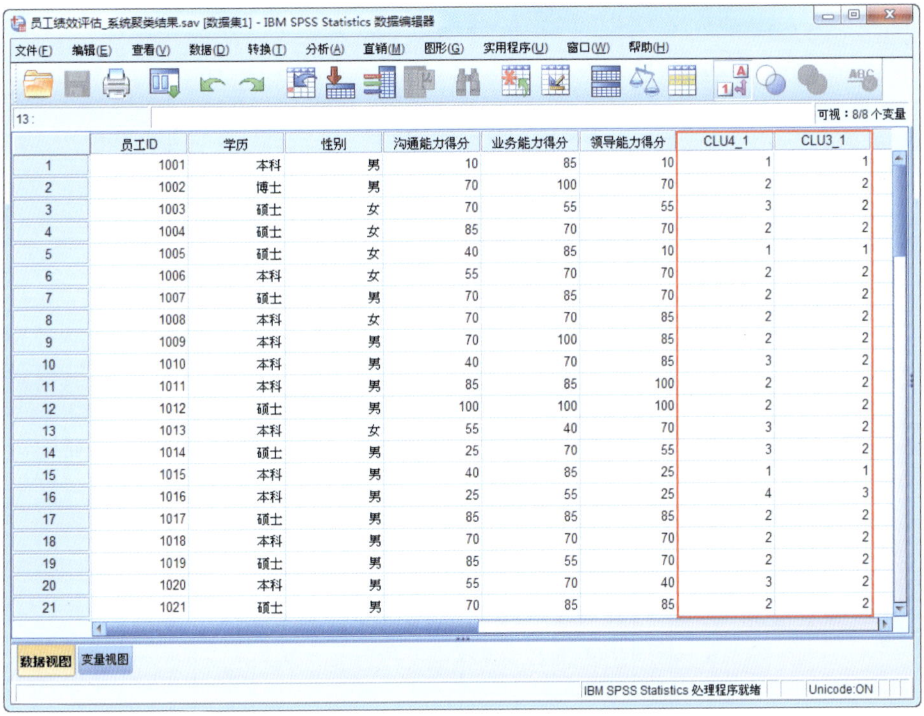

	员工ID	学历	性别	沟通能力得分	业务能力得分	领导能力得分	CLU4_1	CLU3_1
1	1001	本科	男	10	85	10	1	1
2	1002	博士	男	70	100	70	2	2
3	1003	硕士	女	70	55	55	3	2
4	1004	硕士	女	85	70	70	2	2
5	1005	硕士	女	40	85	10	1	1
6	1006	本科	女	55	70	70	2	2
7	1007	硕士	男	70	85	70	2	2
8	1008	本科	女	70	70	85	2	2
9	1009	本科	男	70	100	85	2	2
10	1010	本科	男	40	70	85	3	2
11	1011	本科	男	85	85	100	2	2
12	1012	硕士	男	100	100	100	2	2
13	1013	本科	女	55	40	70	3	2
14	1014	硕士	男	25	70	55	3	2
15	1015	本科	男	40	85	25	1	1
16	1016	本科	男	25	55	25	4	3
17	1017	硕士	男	85	85	85	2	2
18	1018	本科	男	70	70	70	2	2
19	1019	硕士	男	85	55	70	2	2
20	1020	本科	男	55	70	40	3	2
21	1021	硕士	男	70	85	85	2	2

图 10-21　系统聚类分析输出结果（3）：分类结果

第四个输出结果是“谱系图”，如图 10-22 所示。该图形能够直观地表现聚类的全过程。另外，分类结果用一个相对距离为 25 的刻度来表示，如果要看某一类别所包含的数据，只需要从上面往下切，划过几条横线，对应的个案就分了几类。

本例中，如果要看 3 个类别的分组结果，只需要从刻度为 14 的地方往下切，第一组是编号为 20 到 26 的个案，第二组是编号为 5 到 1 的个案，第三组是编号为 34 到 28 的个案。

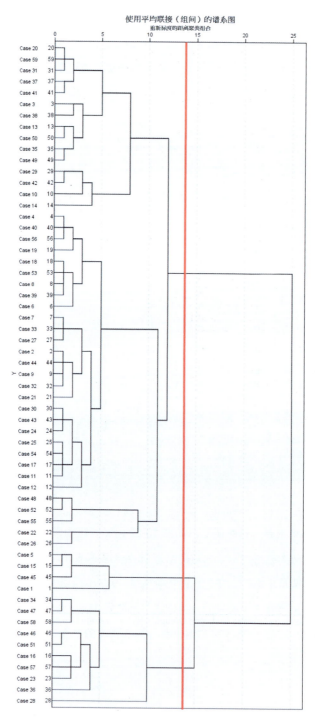

图 10-22 系统聚类分析输出结果（4）：谱系图

第10章 聚类分析

Mr. 林： 解读完结果，接下来，继续将分类结果和参与聚类分析的变量制作交叉表，计算各个类别员工在沟通、业务、领导三方面能力的平均值，以便了解每一类别员工的特征。此外，还要显示出每一类别所包含的个案数。

小白： 没问题。

说完，小白很熟练地操作起来。

★ 显示每一类别的个案数：单击【分析】菜单，选择【描述统计】，从弹出的菜单中选择【频率】，将"CLU3_1"和"CLU4_1"移至【变量】框中，即得到每一类别的个案数，如图 10-23 所示。

Average Linkage (Between Groups)

		频率	百分比	有效百分比	累计百分比
有效	1	4	6.8	6.8	6.8
	2	45	76.3	76.3	83.1
	3	10	16.9	16.9	100.0
	总计	59	100.0	100.0	

Average Linkage (Between Groups)

		频率	百分比	有效百分比	累计百分比
有效	1	4	6.8	6.8	6.8
	2	30	50.8	50.8	57.6
	3	15	25.4	25.4	83.1
	4	10	16.9	16.9	100.0
	总计	59	100.0	100.0	

图 10-23　各类别频率表

★ 显示分类结果和三个变量的交叉表：单击【分析】菜单，选择【定制表】，从弹出的菜单中选择【定制表】，在弹出的【定制表】对话框中，将"CLU3_1"和"CLU4_1"拖动到右侧的【列】区域，将"沟通能力得分"、"业务能力得分"和"领导能力得分"这三个变量拖动到右侧的【行】区域，【摘要统计】中的汇总方式采用默认的平均值，单击【确定】按钮，即可生成交叉表，如图 10-24 所示。

	Average Linkage (Between Groups)			Average Linkage (Between Groups)			
	1	2	3	1	2	3	4
	平均值	平均值	平均值	平均值	平均值	平均值	平均值
沟通能力得分	33	66	27	33	73	50	27
业务能力得分	81	76	36	81	86	57	36
领导能力得分	18	70	34	18	74	61	34

图 10-24　系统聚类结果交叉表

Mr. 林：小白，你继续分析一下结果吧。

小白：好的。

从频率表可知 CLU3 的类别 1 和 CLU4 的类别 1、CLU3 的类别 3 和 CLU4 的类别 4 的人数一致，CLU3 与 CLU4 的区别在于，CLU4 的类别 2 和类别 3 合起来就是 CLU3 的类别 2。

从交叉表结合频率表可知：

（1）CLU3 的类别 1 和 CLU4 的类别 1 为同一批员工，业务能力得分是最高的，也就是说，这一类的员工业务能力很强，但是另外两个能力较为薄弱。

（2）CLU3 的类别 3 和 CLU4 的类别 4 也为同一批员工，此类各指标分值均较低，可以认为这一类的员工整体能力较差。

（3）CLU3 的类别 2 分值整体较高，属于表现良好的员工，而 CLU4 将其细分为能力优秀的类别 2 和能力一般的类别 3。

根据不同类别的员工，人力资源部门就可以有针对性地制定员工未来的工作发展方向和相应的激励政策。

Mr. 林：非常棒，小白，看来你已经基本掌握聚类分析了。

小白：名师出高徒嘛。

10.4　二阶聚类分析

Mr. 林：刚才我们学习了两种常用的聚类分析方法，实际上，SPSS 还提供了一种智能的聚类分析方法，称为二阶聚类分析。

小白：哦？它的智能表现在哪里呢？

Mr. 林：这里先卖个关子，等到学习完这种方法，你就能有所体会了。

小白：好的。

10.4.1　二阶聚类分析操作

Mr. 林：我们继续用"员工绩效评估.sav"这个数据文件来进行二阶聚类分析操作。

STEP 01 单击【分析】菜单，选择【分类】，从中点击【二阶聚类】，弹出【二阶聚类分析】对话框，将"学历"和"性别"两个变量移至【分类变量】框中，将"沟通能力得分"、"业务能力得分"和"领导能力得分"这三个变量移至【连续变量】框中，如图 10-25 所示。

STEP 02 单击【输出】按钮，弹出【二阶聚类：输出】对话框，分别勾选【输出】下的【透视表】【工作数据文件】下的【创建聚类成员变量】复选框，设置完

第 10 章 聚类分析

成后,如图 10-26 所示。确认无误后,单击【继续】按钮,返回主对话框。

图 10-25 【二阶聚类分析】对话框

图 10-26 【二阶聚类:输出】对话框

STEP 03　单击【确定】按钮，SPSS 开始运行二阶聚类分析，完成后将在输出窗口中显示输出结果。

小白：操作就这么简单？

Mr. 林：没错，因为它很智能，所以需要我们操作设置的参数就少，智能主要体现在：

★ 能够对连续变量和分类变量同时进行处理；

★ 操作简单，无须提前指定聚类的数目，二阶聚类会自动分析并输出最优聚类数。

小白：确实智能，我们快点来看看二阶聚类分析的输出结果吧。

10.4.2　二阶聚类分析结果解读

Mr. 林：好的。

第一个输出结果是"自动聚类"，如图 10-27 所示。该结果主要借由统计指标施瓦兹贝叶斯准则（BIC）帮助判断最佳分类数量。从统计上讲，BIC 的取值越小，代表聚类效果越好，但在实际应用中，还需要综合考虑表中后三列的统计指标，包括 BIC 变化量、BIC 变化比率及相邻聚类数目之间的距离测量比率，可以通过它们进一步确定最佳的分类数。判断一个好的聚类方案的依据是 BIC 的数值越小，同时，"BIC 变化量"的绝对值和"距离测量比率"数值越大，则说明聚类效果越好。

自动聚类

聚类数目	施瓦兹贝叶斯准则 (BIC)	BIC 变化量[a]	BIC 变化比率[b]	距离测量比率[c]
1	340.117			
2	289.064	-51.053	1.000	2.080
3	283.567	-5.497	.108	1.065
4	280.639	-2.928	.057	1.740
5	294.558	13.919	-.273	1.517
6	316.238	21.681	-.425	1.119
7	339.512	23.273	-.456	1.214
8	365.152	25.641	-.502	1.406
9	393.989	28.836	-.565	1.396
10	425.054	31.065	-.608	1.134
11	456.786	31.732	-.622	1.059
12	488.793	32.007	-.627	1.124
13	521.319	32.526	-.637	1.073
14	554.130	32.811	-.643	1.204
15	587.600	33.470	-.656	1.123

a. 变化量基于表中的先前聚类数目。
b. 变化比率相对于双聚类解的变化。
c. 距离测量比率基于当前聚类数目而不是先前聚类数目。

图 10-27　二阶聚类分析输出结果（1）：自动聚类

第10章 聚类分析

本例中，类别 2 的 BIC 值为 289.064，相对较小，并且对应的 BIC 变化量绝对值（51.053）、距离测量比率（2.080）均是最大的，由此可以判断出最佳的类别数为 2，这与 SPSS 的二阶聚类分析的结果是完全一致的。

第二个输出结果是"聚类分布"，如图 10-28 所示，该结果列出了每个类别所包含的个案数量。本例中，类别 1 共 29 名员工，占比 49.2%，类别 2 共 30 名员工，占比 50.8%，两个类别的大小基本相当。

聚类分布

		个案数	占组合的百分比	占总计的百分比
聚类	1	29	49.2%	49.2%
	2	30	50.8%	50.8%
	组合	59	100.0%	100.0%
总计		59		100.0%

图 10-28 二阶聚类分析输出结果（2）：聚类分布

第三个输出结果是"质心"，它反映了数据分布的平均位置，可以理解为连续变量的集中趋势，常用平均值来表示，如图 10-29 所示。该结果显示了连续变量在每个类别的平均值和标准差，本例中，类别 2 各指标的平均值均高于类别 1。

质心

		沟通能力得分		业务能力得分		领导能力得分	
		平均值	标准差	平均值	标准差	平均值	标准差
聚类	1	50.34	21.996	63.79	24.226	57.07	25.895
	2	63.00	22.537	75.50	21.023	63.50	21.820
	组合	56.78	22.984	69.75	23.220	60.34	23.923

图 10-29 二阶聚类分析输出结果（3）：质心

第四个输出结果是"频率表"，如图 10-30 所示。该结果显示了分类变量在每个类别的频率分布。本例中，最高学历为"硕士"和"博士"的员工都集中在类别 2，类别 1 都是"本科"的员工。另外，类别 1 以"男性"为主，类别 2 则"男性"与"女性"人数一致。

第五个输出结果是"模型摘要和聚类质量"，如图 10-31 所示。该结果显示了二阶聚类的算法、参与分析的变量个数以及最终的分类个数，同时还以图形化的方式展示了聚类的效果。本例中，聚类的效果处于"尚可"范围。

最高学历

		本科		硕士		博士	
		频率	百分比	频率	百分比	频率	百分比
聚类	1	29	100.0%	0	0.0%	0	0.0%
	2	0	0.0%	27	100.0%	3	100.0%
	组合	29	100.0%	27	100.0%	3	100.0%

性别

		男		女	
		频率	百分比	频率	百分比
聚类	1	18	54.5%	11	42.3%
	2	15	45.5%	15	57.7%
	组合	33	100.0%	26	100.0%

图 10-30　二阶聚类分析输出结果（4）：频率表

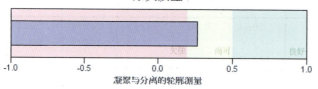

图 10-31　二阶聚类分析输出结果（5）：模型摘要和聚类质量

Mr. 林：小白，这个输出结果也是模型结果浏览的入口，双击这个输出结果，即可激活模型查看器。这个与自动回归的输出结果一样，都是采用可视化报表方式呈现的。

小白：嗯，这种方式挺好。

Mr. 林：是的，这里的内容才是二阶聚类分析结果最精彩的地方，一起来看看吧。

双击第五个输出结果后，弹出【模型查看器】窗口，如图 10-32 所示。该结果分成两个部分，左侧显示"模型摘要和聚类质量"，右侧用饼图显示聚类得到的各类别比例，结果与图 10-28 一致。

第 10 章 聚类分析

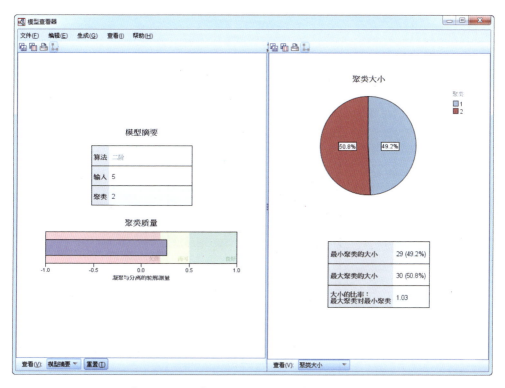

图 10-32 【模型查看器】结果（1）：模型摘要、聚类质量和聚类大小

单击【模型查看器】左下角【查看】旁边的下拉按钮，从中选择【聚类】，即显示"聚类"表格，如图 10-33 所示。该表格是二阶聚类分析结果的核心内容，它根据类别占比的大小进行排序，下方显示参与聚类分析的各变量的分布特征。同时，每个变量用深浅不同的颜色进行标识，颜色的深浅意味着变量重要性的高低，颜色越深，说明对应的变量在聚类分析中的重要程度越高。

本例中，可以发现，最高学历的重要性最高，其次是三个绩效评估指标的重要性，而性别的重要性最低。

点击任意输入变量，右侧窗口显示【单元格分布】结果，该结果显示所选变量类别对应的频数分布和总体对应的频数分布的比较图。其中，分类变量用柱形图呈现，连续变量用波浪图呈现。浅色表示总体分布，深色表示该类别中所选变量的分布。

本例中，点击类别 2 的"沟通能力得分"，则右侧窗口显示各得分的频率分布以及总体的频率分布，如图 10-34 所示。

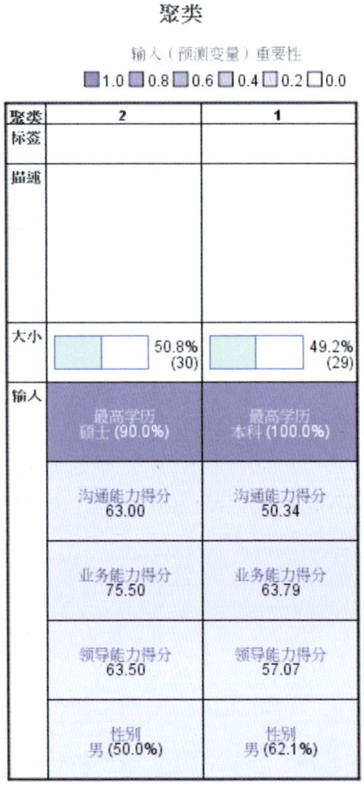

图 10-33 【模型查看器】结果（2）：聚类

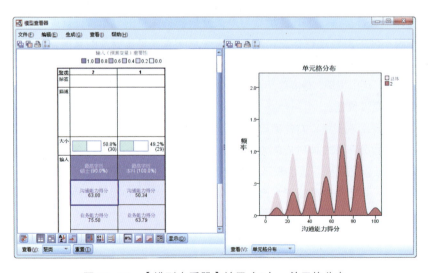

图 10-34 【模型查看器】结果（3）：单元格分布

第 10 章　聚类分析

按住 Ctrl 键，点击左侧表上的两个类别，此时，在右侧窗口中显示"聚类比较"结果，该结果可以通过图形化的方式查看不同类别在各变量上的差异之处，以便快速地掌握每个类别的特征，如图 10-35 所示。

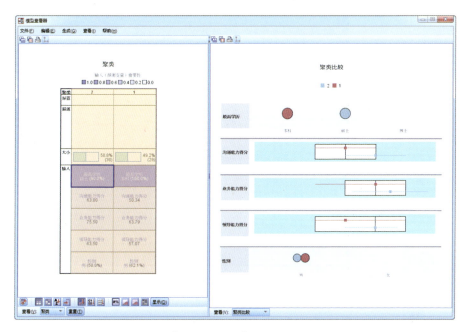

图 10-35　【模型查看器】结果（4）：聚类比较

小白：我发现分类变量是用大小不同的圆圈来表示的，而连续变量是用方块来表示的。这是为什么呢？

Mr. 林：你观察得很仔细。

★ 对于分类变量，它的结果显示众数值在类别中所占的比例，圆圈表示众数值的比例高低，圆圈越大，说明众数值所占比例越高；反之，圆圈越小，说明众数值所占比例越低。

★ 对于连续变量，方块表示中位数，而对应的线段的两个端点表示其上、下四分位数。

在右侧窗口下方的【查看】中选择【预测变量重要性】，即可浏览参与聚类分析的变量重要性的排序，如图 10-36 所示。本例中，变量重要性从高到低的排序分别是"最高学历""沟通能力得分""业务能力得分""领导能力得分""性别"。

小白：二阶聚类结果输出方式确实与自动回归的结果输出方式一样，都是采用可视化报表方式呈现的，方便、实用。

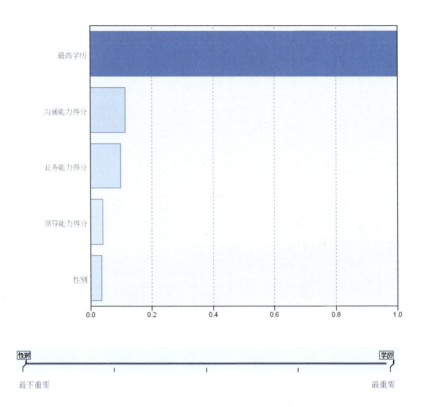

图 10-36 【模型查看器】结果（5）：预测变量重要性

10.5 聚类方法的对比

Mr. 林：小白，刚才学习了三种聚类分析方法，它们各有特点，现在一起梳理一下它们的特点及优劣势，如图 10-37 所示，这样，你在复习和实际应用时也能够参考。

小白：谢谢 Mr. 林，非常清晰明了。

Mr. 林：聚类分析属于探索性数据分析方法，它没有一个所谓的标准流程和答案，不同的数据有不同的适用方法，即使相同的数据，应用不同的方法也可能会得到不同的结果，只要能有效解决实际业务问题即可。

小白：明白。

第 10 章 聚类分析

聚类方法	变量类型	类别个数	建议个案数	优势	劣势
快速聚类	连续变量	指定类别数	≥1000	• 简单、快速 • 可自定义初始聚类中心	• 仅限连续变量 • 需要预先指定类别个数 • 聚类结果会受到样本排序影响
系统聚类	分类变量 连续变量	指定类别数范围	<1000	• 支持个案或变量聚类 • 可使用不同聚类算法 • 可对数据做不同转换	• 不能同时处理两种类型变量
二阶聚类	分类变量 连续变量	自动确定	≥1000	• 可自动选择最佳聚类数 • 综合考虑分类和连续变量的重要性 • 可保存聚类模型，供其他数据集应用预测分类	• 分类变量较少时，聚类结果容易受其分布影响

图 10-37 聚类方法对比

10.6 本章小结

Mr. 林：我们现在回顾一下今天所学的知识点：

★ 了解什么是聚类分析，以及它的特点、应用与分析步骤；
★ 了解在 SPSS 中如何进行快速聚类操作和结果解读；
★ 了解在 SPSS 中如何进行系统聚类操作和结果解读；
★ 了解在 SPSS 中如何进行二阶聚类操作和结果解读；
★ 了解三种聚类分析方法的特点及优劣势。

小白：谢谢 Mr. 林，我回家再认真复习一遍。

第 11 章

因子分析

第 11 章　因子分析

今天下班时间一到，小白就赶紧来到 Mr. 林的办公桌旁。

Mr. 林：小白，你这每天来的时间比闹钟还准呢。

小白：哈哈，Mr. 林，人家这是爱学习嘛。这几天咱们都在学习探索性分析，现在已经学了两种方法了，我很好奇接下来我们学什么呢？

Mr. 林：你先说说，昨天我们学习的是什么？

小白：昨天学的是聚类分析。

Mr. 林：没错，昨天学习的聚类分析主要是针对个案进行分类的，那么如果要研究变量之间的共性，怎么办呢？

小白：我记得系统聚类分析是可以对变量进行分类的。

Mr. 林：嗯，看来昨晚回家确实复习了。虽然系统聚类分析可以对变量进行分类，但是，难以判断变量分类结果的合理性。另外，如果要衡量每个变量对类别的贡献，这也难以通过聚类分析来实现。

小白：这……要如何是好？

Mr. 林：所以，今天我就来教你找出隐藏在变量背后具有共性的因子，这种方法称为因子分析。

小白：好啊，今天又要 get 新技能了。

11.1　因子分析简介

Mr. 林：因子分析是通过研究变量间的相关系数矩阵，把这些变量间错综复杂的关系归结成少数几个综合因子，并据此对变量进行分类的一种统计分析方法。由于归结出的因子个数少于原始变量的个数，但是它们又包含原始变量的信息，所以，这一分析过程也称为降维。

小白：了解，那为什么我们要进行因子分析呢？

Mr. 林：因子分析的主要目的有以下三个：

- ★ 探索结构：当变量之间存在高度相关性的时候我们希望用较少的因子来概括其信息；
- ★ 简化数据：把原始变量转化为因子得分后，使用因子得分进行其他分析，比如聚类分析、回归分析等；
- ★ 综合评价：通过每个因子得分计算出综合得分，对分析对象进行综合评价。

小白：明白了，我可以理解为通过因子分析，原始变量会转变为新的因子，这些因子之间的相关性较低，而因子内部的变量相关程度较高吗？

Mr. 林：没错，这就是因子分析的基本思想。另外，还有一些概念，你需要先学习，这会帮助你更好地理解因子分析的结果。

小白：没问题，都有哪些概念要学习呢？

Mr.林： 我们主要学习以下几个概念：

（1）因子载荷（Factor Loading）

因子载荷就是每个原始变量和每个因子之间的相关系数，它反映了变量对因子的重要性。通过因子载荷值的高低，我们能知道变量在对应因子中的重要性大小，这样能够帮助我们发现因子的实际含义，有利于因子的命名。

当有多个因子的时候，因子载荷将构成一个矩阵，称为因子载荷矩阵。

（2）变量共同度（Communality）

变量共同度就是每个变量所包含的信息能够被因子所解释的程度，其取值范围介于 0 和 1 之间，取值越大，说明该变量能被因子解释的程度越高。

（3）因子旋转（Rotation）

因子分析的结果需要每个因子都有实际意义，有时，原始变量和因子之间的相关系数可能无法明显地表达出因子的含义，为了使这些相关系数更加显著，可以对因子载荷矩阵进行旋转，使原始变量和因子之间的关系更为突出，从而对因子的解释更加容易。

（4）因子得分（Factor Score）

因子得分可以用来评价每个个案在每个因子上的分值，该分值包含了原始变量的信息，可以用于代替原始变量进行其他统计分析，比如回归分析，可以考虑将因子得分作为自变量，与对应的因变量进行回归。

这里需要注意的是，原始变量的数值是可以直接观测到的，而因子得分只能通过原始变量和因子之间的关系计算得到，并且因子得分是经过标准化之后的数值，各个因子得分之间不受量纲的影响。

小白： 这么多概念，现在听起来有点难懂。

Mr.林： 没关系，一会我们在 SPSS 中实践的时候，你就容易明白了。

小白： 好的，那么要如何进行因子分析呢？先做什么，再做什么，最后做什么？它的步骤是什么呢？

Mr.林： 因子分析主要有四个步骤，如图 11-1 所示。

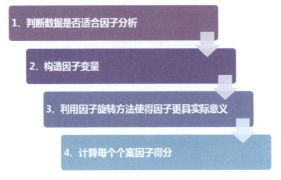

图 11-1　因子分析步骤

第 11 章　因子分析

小白：那么如何判断数据是否适合因子分析呢？

Mr. 林：非常好的问题，适合因子分析的数据判断标准有以下几点：

★ 因子分析的变量要求为连续变量，分类变量不适合直接进行因子分析；

★ 建议个案个数为变量个数的 5 倍以上，这只是一个参考依据，并不是绝对的标准；

★ KMO 检验统计量在 0.5 以下，不适合做因子分析，在 0.7 以上时，数据较适合做因子分析，在 0.8 以上时，说明数据极其适合做因子分析。

小白：KMO 检验统计量要如何计算呢？

Mr. 林：这个不需要我们手工计算，可以在 SPSS 相关对话框中进行设置，SPSS 就会输出 KMO 检验统计量，一会将介绍到相关操作。

小白：好的。

11.2　因子分析实践

Mr. 林：现在就开始使用 SPSS 进行因子分析，使用的案例数据是公司所属的 33 个商户 O2O（Online To Offline）运营数据，如图 11-2 所示，通过分析它们在一段时间内的线上线下行为信息，以找出这些变量的共性，降低分析维度，并对商户进行综合评价。

图 11-2　商户 O2O 数据示例

小白：它们都是连续变量，应该都适合做因子分析吧。

11.2.1 因子分析操作

Mr. 林：变量类型是适合的，但是还需要通过其他统计指标综合判断是否适合进行因子分析。现在我就教你如何用 SPSS 进行因子分析。

STEP 01 在 SPSS 中打开"商户O2O数据.sav"数据文件，单击【分析】菜单，选择【降维】，从二级菜单中选择【因子】，弹出【因子分析】对话框，如图 11-3 所示。

图 11-3　【因子分析】对话框

STEP 02 将"网店浏览量""论坛浏览量""线上广告费用""地面推广引入量""线下广告费用""实体店铺货量""实体店访客数"这七个变量移至【变量】框中，作为待分析的变量。

STEP 03 单击【描述】按钮，弹出【因子分析：描述】对话框，勾选最后一个【KMO 和巴特利特球形度检验】复选框，用于生成检验因子分析适合度的统计指标，设置完成后，如图 11-4 所示。确认无误后，单击【继续】按钮，返回主对话框。

图 11-4　【因子分析：描述】对话框

第 11 章 因子分析

STEP 04 单击【提取】按钮,弹出【因子分析:提取】对话框,在【方法】下拉框中选择【主成分】,这是最常用的提取因子的方法;勾选【输出】下的【碎石图】复选框,用于辅助判断因子个数,设置完成后,如图 11-5 所示。确认无误后,单击【继续】按钮,返回主对话框。

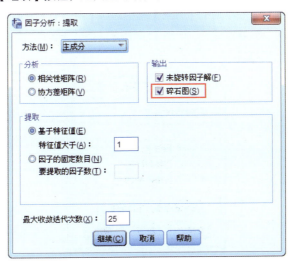

图 11-5 【因子分析:提取】对话框

STEP 05 单击【旋转】按钮,弹出【因子分析:旋转】对话框,在【方法】框中选择【最大方差法】项,用于更好地解释因子所包含的意义,设置完成后,如图 11-6 所示。确认无误后,单击【继续】按钮,返回主对话框。

图 11-6 【因子分析:旋转】对话框

小白:这里提供了那么多的旋转方法,为什么我们要选择"最大方差法"呢?

Mr. 林:我知道你要问这个问题,这些旋转方法各有特点,其中最常用的是"最大方差法"。该方法能够使每个变量尽可能在一个因子上有较高的载荷,在其余的因子上载荷较小，从而方便对因子进行解释。

　　小白：明白了。

　　Mr. 林：好的，那我们继续操作。

STEP 06　单击【得分】按钮，弹出【因子分析：因子得分】对话框，勾选【保存为变量】复选框，在下面的【方法】框中选择【回归】项，用于保存计算得到的因子得分，设置完成后，如图 11-7 所示。确认无误后，单击【继续】按钮，返回主对话框。

图 11-7　【因子分析：因子得分】对话框

STEP 07　单击【选项】按钮，弹出【因子分析：选项】对话框，勾选【系数显示格式】下的【按大小排序】和【排除小系数】复选框，在【绝对值如下】框中输入".40"，用于更清晰地显示因子载荷，方便因子的解释和命名，设置完成后，如图 11-8 所示。确认无误后，单击【继续】按钮，返回主对话框。

图 11-8　【因子分析：选项】对话框

第 11 章 因子分析

STEP 08 设置完成后的【因子分析】对话框,如图 11-9 所示,单击【确定】按钮,SPSS 开始运行因子分析。

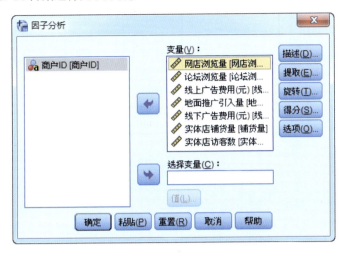

图 11-9 【因子分析】对话框(设置完成)

11.2.2 因子分析结果解读

Mr. 林:分析结果出来了,我们一起来看看吧。

第一个输出结果是"KMO 和巴特利特检验",如图 11-10 所示。该结果用来检验数据是否适合做因子分析,主要参考 KMO 统计量即可。本例中,KMO 统计量为 0.627,介于 0.5 和 0.7 之间,说明该数据尚可进行因子分析。

KMO 和巴特利特检验

KMO 取样适切性量数。		.627
巴特利特球形度检验	近似卡方	104.060
	自由度	21
	显著性	.000

图 11-10 因子分析输出结果(1):KMO 和巴特利特检验

第二个输出结果是"公因子方差",也就是"变量共同度",如图 11-11 所示。该结果显示了原始变量能被提取的因子所表示的程度,同时显示了提取因子的方法。

本例中,所有变量的共同度都在 60% 以上,可以认为所提取的因子对各变量的解释能力是可以接受的。

公因子方差

	初始	提取
网店浏览量	1.000	.802
论坛浏览量	1.000	.689
线上广告费用(元)	1.000	.704
地面推广引入量	1.000	.617
线下广告费用(元)	1.000	.837
实体店铺货量	1.000	.803
实体店访客数	1.000	.613

提取方法：主成分分析法。

图 11-11　因子分析输出结果（2）：公因子方差

第三个输出结果是"总方差解释"，如图 11-12 所示。该结果显示了通过分析所提取的因子数量，以及所提取的因子对所有变量的累积方差贡献率。一般情况下，累积方差贡献率达到 60% 及以上，则说明因子对变量的解释能力尚可接受，达到 80% 及以上，说明因子对变量的解释能力非常好。

本例中，根据"初始特征值"大于 1 的标准提取了两个因子，旋转后两个因子的方差贡献率略有变化，差距有所缩小，累积方差贡献率为 72.367%，和旋转前一样，相对来说，因子的解释能力较好。

总方差解释

成分	初始特征值			提取载荷平方和			旋转载荷平方和		
	总计	方差百分比	累积 %	总计	方差百分比	累积 %	总计	方差百分比	累积 %
1	2.792	39.887	39.887	2.792	39.887	39.887	2.728	38.968	38.968
2	2.274	32.480	72.367	2.274	32.480	72.367	2.338	33.399	72.367
3	.646	9.223	81.590						
4	.529	7.555	89.144						
5	.325	4.648	93.792						
6	.311	4.444	98.237						
7	.123	1.763	100.000						

提取方法：主成分分析法。

图 11-12　因子分析输出结果（3）：总方差解释

第四个输出结果是"碎石图"，如图 11-13 所示。该结果能够辅助我们判断最佳因子个数，通常选取曲线中较陡的位置所对应的因子个数。

本例中，前三个因子都在较陡的曲线上，所以提取 2~3 个因子都可以对原始变量的信息有较好的解释。

第 11 章 因子分析

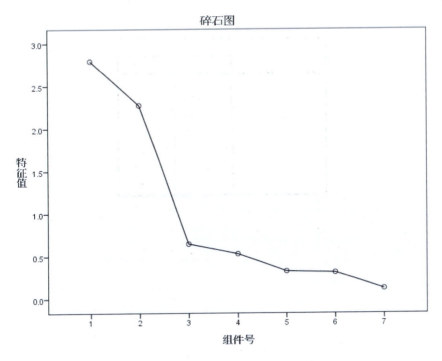

图 11-13　因子分析输出结果（4）：碎石图

小白：那么，要如何确定提取的因子个数呢？

Mr. 林：这个问题问得好，实际上，这里就体现出了探索分析的精神，也就是说，提取因子个数的决定具有主观性。在通常情况下，确定提取因子个数的标准有以下几个：

★ 初始特征值（图 11-12 中的第二列数字）大于 1 的因子个数；

★ 累积方差贡献率（图 11-12 中的第四列数字）达到一定水平（如 60%）的因子个数；

★ 碎石图中处于较陡曲线上所对应的因子个数；

★ 依据对研究事物的理解而指定因子个数。

小白：原来有这么多判断方法，根据刚才的四个标准，这个例子应该提取两个因子较为合适。

Mr. 林：没错，本例中，将根据 SPSS 因子分析结果提取的两个因子进行后续分析。

第五个输出结果是"成分矩阵"，如图 11-14 所示。该结果显示的是旋转之前的因子载荷矩阵。其中有些变量在各个因子上的载荷比较接近，难以对因子进行明确的定义，因此，对因子解释和命名更有指导意义的是旋转后的成分矩阵。

本例中，"网店浏览量"在两个因子上的载荷较为接近，所以需要关注该变量在因子旋转后的载荷，以便正确解读因子含义。

成分矩阵ª

	成分	
	1	2
线上广告费用(元)	.836	
论坛浏览量	.800	
实体店访客数	-.739	
网店浏览量	.697	.563
实体店铺货量		.838
线下广告费用(元)	-.493	.771
地面推广引入量		.734

提取方法：主成分分析法。
a. 提取了 2 个成分。

图 11-14　因子分析输出结果（5）：成分矩阵

第六个输出结果是"旋转后的成分矩阵"，如图 11-15 所示。该结果显示的是旋转后的因子载荷矩阵，这个结果能够凸显因子含义，易于理解。

旋转后的成分矩阵ª

	成分	
	1	2
网店浏览量	.850	
论坛浏览量	.826	
线上广告费用(元)	.809	
实体店访客数	-.600	.502
实体店铺货量		.896
线下广告费用(元)		.895
地面推广引入量	.520	.589

提取方法：主成分分析法。
旋转方法：凯撒正态化最大方差法。
a. 旋转在 3 次迭代后已收敛。

图 11-15　因子分析输出结果（6）：旋转后的成分矩阵

本例中，通过旋转后的因子载荷矩阵，可以发现：

第一个因子，载荷较大的变量是"网店浏览量""论坛浏览量""线上广告费用""实体店访客数"，说明它们四个变量与该因子的相关程度较高，其中"网店浏览量""论坛浏览量""线上广告费用"三个变量反映的是线上情况，而"实体店访客数"变量

第 11 章 因子分析

虽然反映的是线下情况,但其载荷值符号为负号,显然,该变量与第一个因子呈反向关系。综上所述,可将第一个因子命名为"线上商务"因子。

第二个因子,载荷较大的变量是"实体店铺货量""线下广告费用""地面推广引入量",说明它们三个变量与该因子的相关程度较高,并且这些变量反映的是线下情况。因此,可以将第二个因子命名为"线下商务"因子。

小白: 我发现在旋转后的因子载荷矩阵中,数值是每个因子中按照从大到小的顺序排列的,并且大部分变量只在一个因子上有数值。

Mr. 林: 你观察得很仔细,还记得在第七步操作中,我们在图 11-8 所示的【因子分析: 选项】对话框中勾选了【系数显示格式】下的【按大小排序】和【排除小系数】复选框,在【绝对值如下】框中输入".40"的操作吗?这一操作能够将变量按照对因子的载荷大小从高到低进行排序,并且限制输出低于 0.4 的因子载荷,使因子结果更加清晰、可读。

第七个输出结果是"成分转换矩阵",如图 11-16 所示。该结果显示了由旋转之前的因子载荷矩阵转换到旋转之后的因子载荷矩阵所需要相乘的矩阵系数,对结果解读的实用性不高,可以忽略。

成分转换矩阵

成分	1	2
1	.936	-.352
2	.352	.936

提取方法:主成分分析法。
旋转方法:凯撒正态化等量最大法。

图 11-16 因子分析输出结果(7):成分转换矩阵

小白: 我看数据文件中新增了两个变量,它们是什么呢?

Mr. 林: 刚才我们在第六步中选择了将因子得分保存为变量,这新增的两个变量就是每个商户在这两个因子上的得分,变量名称分别为"FAC1_1"和"FAC2_1",如图 11-17 所示。你可以将它们看作是原始变量经过降维之后的结果,这个结果可以和其他统计方法结合使用,比如回归分析或聚类分析等,还可以用来进行综合评价。

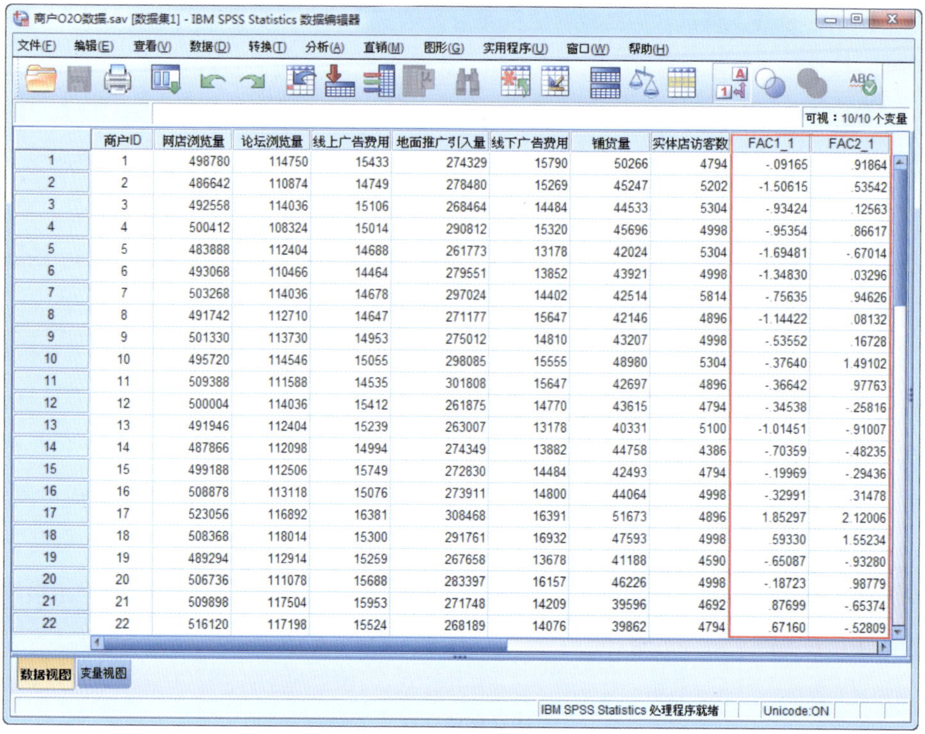

	商户ID	网店浏览量	论坛浏览量	线上广告费用	地面推广引入量	线下广告费用	铺货量	实体店访客数	FAC1_1	FAC2_1
1	1	498780	114750	15433	274329	15790	50266	4794	-.09165	.91864
2	2	486642	110874	14749	278480	15269	45247	5202	-1.50615	.53542
3	3	492558	114036	15106	268464	14484	44533	5304	-.93424	.12563
4	4	500412	108324	15014	290812	15320	45696	4998	-.95354	.86617
5	5	483888	112404	14688	261773	13178	42024	5304	-1.69481	-.67014
6	6	493068	110466	14464	279551	13852	43921	4998	-1.34830	.03296
7	7	503268	114036	14678	297024	14402	42514	5814	-.75635	.94626
8	8	491742	112710	14647	271177	15647	42146	4896	-1.14422	.08132
9	9	501330	113730	14953	275012	14810	43207	4998	-.53552	.16728
10	10	495720	114546	15055	298085	15555	48980	5304	-.37640	1.49102
11	11	509388	111588	14535	301808	15647	42697	4896	-.36642	.97763
12	12	500004	114036	15412	261875	14770	43615	4794	-.34538	-.25816
13	13	491946	112404	15239	263007	13178	40331	5100	-1.01451	-.91007
14	14	487866	112098	14994	274349	13882	44758	4386	-.70359	-.48235
15	15	499188	112506	15749	272830	14484	42493	4794	-.19969	-.29436
16	16	508878	113118	15076	273911	14800	44064	4998	-.32991	.31478
17	17	523056	116892	16381	308468	16391	51673	4896	1.85297	2.12006
18	18	508368	118014	15300	291761	16932	47593	4998	.59330	1.55234
19	19	489294	112914	15259	267658	13678	41188	4590	-.65087	-.93280
20	20	506736	111078	15688	283397	16157	46226	4998	-.18723	.98779
21	21	509898	117504	15953	271748	14209	39596	4692	.87699	-.65374
22	22	516120	117198	15524	268189	14076	39862	4794	.67160	-.52809

图 11-17　因子得分

小白：如何通过因子得分进行综合评价呢？

Mr. 林：计算综合评价得分，需要考虑每个因子的方差贡献率占总累积方差贡献率的比例，以此作为权重，进行加权计算。

由于进行了因子旋转，根据图 11-12 所示的旋转载荷平方和结果可知，因子 1 的方差贡献率为 38.968%，因子 2 的方差贡献率为 33.399%，总累积方差贡献率为 72.367%，通过生成新变量的方法计算得到每个商户的综合得分。

单击【转换】菜单，选择【计算变量】，弹出【计算变量】对话框，在【目标变量】框中输入“综合得分”，在【数字表达式】框中输入加权计算公式“38.968 / 72.367 * FAC1_1 + 33.399 / 72.367 * FAC2_1”，设置完成后，如图 11-18 所示。确认无误后，单击【确定】按钮，即可在数据视图中新增一个“综合得分”变量。

将该综合得分从高到低进行降序排列，就能知道哪些商户在 O2O 的运营方式下表现优异，排序后的结果如图 11-19 所示。

第 11 章　因子分析

图 11-18　【计算变量】对话框

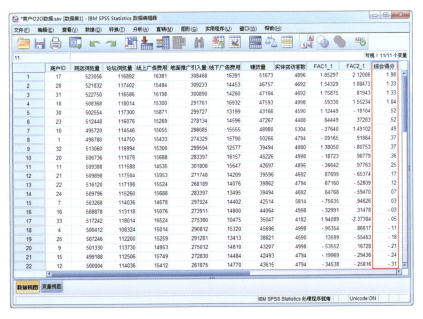

图 11-19　综合得分排序结果示例

小白：明白啦，所以在这个案例中，通过对七个原始变量进行因子分析，最后输出两个因子，分别是"线上商务"和"线下商务"两个因子，然后计算综合得分，根据最后综合得分的排名，得知商户 ID 为 17、28 和 31 的商户是 O2O 运营方式下表现优异的前三名。

Mr. 林：是的。

11.3　本章小结

Mr. 林：今天我们就学习到这里，现在回顾一下所学的内容吧：
- ★ 了解什么是因子分析、因子分析目的、基础概念和因子分析步骤；
- ★ 了解在 SPSS 中如何进行因子分析操作；
- ★ 了解在 SPSS 中如何解读因子分析结果；
- ★ 了解在 SPSS 中如何计算因子的综合得分。

小白：感谢 Mr. 林，非常实用的技能，晚上回家我再好好复习一下。

第 12 章

对应分析

小白最近几天都在学习探索性分析，学习热情依然高涨，今天处理完手中的工作，还没到下班时间，就来到 Mr. 林的办公桌旁： Mr. 林，我来啦！

Mr. 林：这几天，我们学习的探索性分析是不是有些烧脑啊？

小白笑道：确实烧脑，不过我也学习到很多实用的方法，能让我享受探索数据的乐趣。

Mr. 林：哈哈，相对来说，今天会轻松很多。今天要学习最后一种常用的探索性分析——对应分析。

小白：对应分析，我听说过。

Mr. 林：对应分析能够把一个交叉表结果通过图形的方式展现出来，用以表达不同变量之间以及不同类别之间的关系。

小白：交叉表里面可以加入的变量有很多，这个方法可以把它们之间的关系都表现出来。

Mr. 林：还记得前面我讲因子分析时提到的"降维"吗？对应分析实际上也是"降维"方法的一种，它比较适合对分类变量进行研究。

小白：也就是说，对应分析也可以对数据进行降维处理，不过变量都是分类变量，那可不可以看成是分类变量下的因子分析呢？

Mr. 林：小白同学大有长进啊，虽然分类变量的因子分析和对应分析不能完全划等号，但它们之间是有联系的，这一点以后你在深入学习时就会了解到。

小白：好的。

12.1　对应分析简介

Mr. 林：对应分析是一种多元统计分析技术，主要用于研究分类变量构成的交叉表，以揭示变量间的关系，并将交叉表的信息以图形的方式展示出来。它主要适用于有多个类别的分类变量，可以揭示同一个变量各个类别之间的差异，以及不同变量各个类别之间的对应关系。

简单来说，对应分析可以看成是交叉表的图形化，它的分析原理与步骤如图 12-1 所示。

小白：从原理上看，对应分析都是和图形有关的，那我可以理解为这种分析主要是一种做图的技术吗？

Mr. 林：对应分析看似是一种做图的技术，实际上难点在于对变量的选择。有些变量被忽视掉之后，分析结果就可能以偏概全，没有揭示变量间真正的关系。所以在通常情况下，可以通过尝试不同变量的组合，以发现具有价值的信息。

小白：现在我明白了，对应分析的主要作用是用图形的方式表达分类变量之间的关系。但是，这样做的优势体现在哪里呢？

第 12 章　对应分析

Mr. 林：因为对应分析的主要输出是图形，所以它有着无可比拟的优势：
- ★ 揭示行变量类别间与列变量类别间的关系；
- ★ 将变量之间各个类别的关系直观地表现在图形中；
- ★ 分类变量划分的类别越多，优越性越明显；
- ★ 计算简单，实现容易。

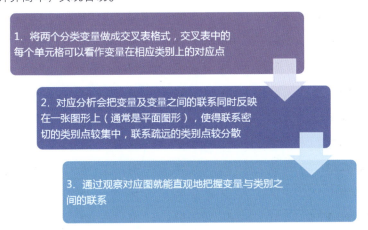

图 12-1　对应分析原理与步骤

小白：它有劣势吗？

Mr. 林：当然有，任何一种方法都有自己的优劣势，对应分析主要有以下劣势：
- ★ 只能用图形的方式提示变量间的关系，但不能给出具体统计量来度量变量间的关系；
- ★ 输出的维度个数需要研究人员自行决定，对应分析本身无法提供最佳维度个数的判断；
- ★ 分析结果容易受到极端值的影响。

小白：它在实际工作中主要有哪些应用呢？

Mr. 林：对应分析主要应用于产品定位、品牌研究、市场细分、竞争分析、广告研究等领域，因为它是一种图形化的数据分析方法，能够将几组看似没有联系的数据，通过视觉上可以接受的定位图展现出来。

小白：了解，那现在就开始进行对应分析吧，我很期待输出结果是什么样子的。

12.2　对应分析实践

12.2.1　对应分析操作

Mr. 林打开一个 Excel 文件，说：好的，我们就用一个品牌形象定位的案例来介绍如何在 SPSS 中实现对应分析，所用的交叉表数据如图 12-2 所示，其中，每行表示对于品牌形象的描述语句，每列表示品牌名称，每个单元格里面的数字，则表示该品牌形象语句可以用来描述对应品牌的用户数。

品牌形象＼品牌	L	H	D	A	F	B	T
技术领先，经常创新	85	79	97	52	38	42	94
性价比高	85	88	76	76	72	68	48
质量好，返修率低	88	72	70	54	38	33	72
外观时尚	62	74	63	60	47	57	57
知名度高	115	101	86	58	58	49	75
外观稳重大气	52	65	51	52	57	46	60
维修响应及时	59	58	56	42	56	37	38
交货及时	72	70	65	56	45	62	47
一次性解决故障率高	51	47	47	35	29	25	43
店面分布广泛	110	67	56	29	45	32	37
口碑好	84	79	65	37	27	17	64

图 12-2　品牌形象二维表数据示例

Mr. 林：小白，你觉得这样的数据格式我们可以用来直接分析吗？

小白：哈哈，Mr. 林，这可难不倒我。对于交叉表的数据格式，我们需要先转换成一维表，然后再进行分析。

说完，小白在 Excel 中熟练地通过数据透视表的【多重合并计算数据区域】功能把这个交叉表转换成一维表，然后导入 SPSS 中，将数据文件命名为"品牌形象.sav"。

Mr. 林：非常好，接下来，我们先要对个案进行加权处理。

小白：为什么要进行个案加权呢？

Mr. 林：在 SPSS 中，默认的数据要求就是每一行就是一个个案，由于二维表是两个分类变量的交叉汇总，将其转换为一维表后，每一行数据仍然是对应分类变量汇总的个案数，所以需要在 SPSS 中采用加权的方法，为每个个案数据赋予对应的权重。

小白：明白。

STEP 01　单击【数据】菜单，选择【个案加权】，弹出【个案加权】对话框，选择【个案加权系数】项，将"数值"变量移至【频率变量】框中，如图 12-3 所示。单击【确定】按钮，待 SPSS 窗口右下角的【权重状态区域】显示"权重开启"，说明加权完成。

第 12 章　对应分析

图 12-3　【个案加权】对话框

STEP 02　单击【分析】菜单，选择【降维】，从中选择第二项【对应分析】，弹出【对应分析】对话框，如图 12-4 所示。

图 12-4　【对应分析】对话框 1

STEP 03　分别把"形象"和"品牌"变量移至【行】【列】框中，如图 12-5 所示。

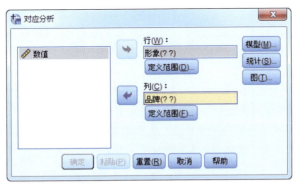

图 12-5　【对应分析】对话框 2

STEP 04　单击"形象"变量下面的【定义范围】按钮，弹出【对应分析：定义行范围】

对话框，因为一共有 11 个品牌形象描述语句，所以，最小值设置为 "1"，最大值设置为 "11"，然后单击右侧的【更新】按钮，其他保持默认设置，如图 12-6 所示。

图 12-6 【对应分析：定义行范围】对话框

STEP 05 用同样的方法定义列范围，因为一共有 7 个品牌，所以最大值设置为 "7"，设置完成后单击【继续】按钮，返回【对应分析】对话框，如图 12-7 所示。

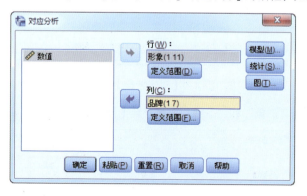

图 12-7 【对应分析】对话框 3

STEP 06 其他保持默认设置即可，单击【确定】按钮，SPSS 开始运行对应分析。

小白：看来，对应分析的操作关键主要有两点：

★ 将交叉表变为一维表，导入 SPSS 后，需要进行加权处理；

★ 要正确定义好行和列的值范围。

Mr. 林：是的，操作很简单吧，现在结果也运行出来了，我们一起来看看。

12.2.2 对应分析结果解读

Mr. 林：SPSS 的对应分析提供了以下输出结果。

第一个输出结果是"对应表"，如图 12-8 所示。该表再现交叉表结果，其数据和 Excel 里面的交叉表数据完全一致。另外，最后一行和列的"活动边际"是分别计算了每行和每列的总和。

对应表

形象	品牌							活动边际
	L	H	D	A	F	B	T	
技术领先，经常创新	85	79	97	52	38	42	94	487
性价比高	85	88	76	76	72	68	48	513
质量好、返修率低	88	72	70	54	38	33	72	427
外观时尚	62	74	63	60	47	57	57	420
知名度高	115	101	86	58	58	49	75	542
外观稳重大气	52	65	51	52	57	46	60	383
维修响应及时	59	58	56	42	56	37	38	346
交货及时	72	70	65	56	45	62	47	417
一次性解决故障率高	51	47	47	35	29	25	43	277
店面分布广泛	110	67	56	29	45	32	37	376
口碑好	84	79	65	37	27	17	64	373
活动边际	863	800	732	551	512	468	635	4561

图 12-8　对应分析输出结果（1）：对应表

第二个输出结果是"摘要表"，如图 12-9 所示。该表输出了对应分析的统计量结果以及累积百分比。

摘要

维	奇异值	惯量	卡方	显著性	惯量比例		置信度奇异值	相关性
					占	累积	标准差	2
1	.145	.021			.575	.575	.014	.025
2	.102	.010			.289	.864	.015	
3	.051	.003			.071	.935		
4	.034	.001			.032	.967		
5	.027	.001			.020	.987		
6	.022	.000			.013	1.000		
总计		.036	165.607	.000ª	1.000	1.000		

a. 60 自由度

图 12-9　对应分析输出结果（2）：摘要表

小白：我需要重点关注哪个指标呢？

Mr. 林： 只需要重点关注对应分析图的解释能力，也就是累积惯量比例就行。之前也介绍过，对应分析实际上是一种"降维"方法，所以，必然会存在信息的损失。对于一个二维平面图形来说,其解释能力的大小在很大程度上影响了结果的解读。所以，我们需要重点关注前两个维度的累积惯量比例。

在通常情况下，前两个维度的累积惯量比例达到80%及以上，就说明对应分析图的效果非常好，是具有可读性的。在这个案例中，对应分析图的累积惯量比例达到了86.4%，说明对应分析图的效果非常好。

第三个输出结果是"行/列点总览表"，如图12-10所示。这个结果主要提供了各类别在各维度上的得分，它们也是对应分析图中横、纵轴坐标对应的数值，以及行列对维度互相之间的贡献大小。所以，本例中的对应分析图就是由行/列点总览表两个维度的得分绘制出来的。

行点总览ª

| | | 维得分 | | | 贡献 | | | |
| | | | | | 点对维的惯量 | | 维对点的惯量 | |
形象	数量	1	2	惯量	1	2	1	2	总计
技术领先·经常创新	.107	.368	.468	.005	.100	.229	.417	.479	.896
性价比高	.112	-.503	-.151	.005	.197	.025	.894	.057	.951
质量好·返修率低	.094	.306	.153	.002	.061	.021	.700	.123	.823
外观时尚	.092	-.342	.221	.002	.074	.044	.686	.202	.888
知名度高	.119	.173	-.141	.001	.025	.023	.639	.299	.938
外观稳重大气	.084	-.378	.247	.003	.083	.050	.531	.161	.691
维修响应及时	.076	-.319	-.192	.002	.054	.027	.483	.124	.607
交货及时	.091	-.361	-.010	.003	.082	.000	.642	.000	.642
一次性解决故障率高	.061	.107	.153	.000	.005	.014	.333	.486	.819
店面分布广泛	.082	.319	-.838	.007	.058	.565	.167	.811	.978
口碑好	.082	.680	.044	.006	.262	.002	.917	.003	.920
活动总计	1.000			.036	1.000	1.000			

a. 对称正态化

列点总览ª

| | | 维得分 | | | 贡献 | | | |
| | | | | | 点对维的惯量 | | 维对点的惯量 | |
品牌	数量	1	2	惯量	1	2	1	2	总计
L	.189	.380	-.475	.009	.189	.417	.464	.512	.976
H	.175	.094	-.054	.001	.011	.005	.242	.057	.299
D	.160	.177	.144	.002	.035	.032	.411	.191	.602
A	.121	-.353	.232	.003	.104	.064	.644	.197	.841
F	.112	-.492	-.272	.006	.188	.081	.625	.135	.760
B	.103	-.691	.032	.008	.339	.001	.876	.001	.877
T	.139	.372	.542	.007	.134	.400	.381	.572	.953
活动总计	1.000			.036	1.000	1.000			

a. 对称正态化

图 12-10　对应分析输出结果（3）：行/列点总览表

第四个输出结果是最重要的——"对应分析图"，如图12-11所示，图中各类别

第 12 章　对应分析

散点在图形中的距离和位置反映了它们各自之间的关系：

- ★ 在同一个维度上，例如横轴上，同一个变量的类别距离越近，说明在这个维度上差异越小。例如，"外观稳重大气"和"外观时尚"对于参与品牌形象评价的用户来说，差异相对较小；
- ★ 在对应分析图中，不同变量散点之间的距离越近，说明它们的相关性越大。例如，"品牌 T"和"技术领先，经常创新"距离很靠近，说明用户认为品牌 T 属于技术领先、经常创新的品牌。

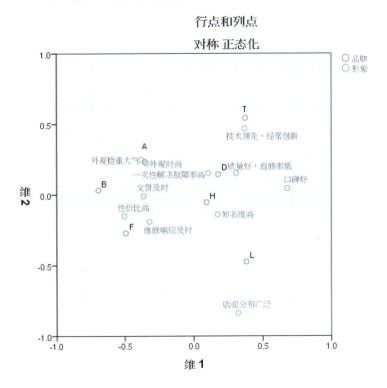

图 12-11　对应分析输出结果（4）：对应分析图

小白：现在我明白怎么解读这个对应分析图了。

首先要评估对应分析图的解释能力，如果前两个维度的累积惯量比例不低于 80%，则说明该图的效果非常好，然后从不同方面来解读变量之间的关系。

Mr. 林：没错，看来你已经掌握了。那么，我再问你一个问题，如果需要自己在 Excel 中绘制这个对应分析图，要怎么做呢？

小白：我刚才也想问这个问题，SPSS 的图形输出不便于直接粘贴到报告或演示文档中，如果需要自己在 Excel 中绘制图形，我会把图 12-10 所示的行/列点总览表复制到 Excel 中，然后使用其中的"维得分"作为每个变量的横、纵轴数据绘制散点图。

Mr. 林：孺子可教也，对应分析就介绍到这里。

12.3 本章小结

Mr. 林：现在一起来回顾一下今天所学的内容：
- ★ 了解什么是对应分析，以及其原理与步骤、优劣势、应用领域；
- ★ 了解在 SPSS 中如何进行对应分析操作；
- ★ 了解如何解读 SPSS 对应分析结果。

SPSS 的主要功能使用就介绍到这里，SPSS 的强大功能想必你已经深有体会，方法与工具再高级，目的都是为了解决业务问题，而不是为了追求"高大上"才使用的。还是那句话，只要能快速、有效地解决业务问题，就是好方法、好工具，希望你在未来能够正确、灵活地运用这些数据分析方法与工具，快速、有效地解决实际业务问题。

小白：感谢恩师教诲，小白在此鞠躬以示谢意，等一下，我请你去吃大餐，就当是我的 SPSS 谢师宴啦。